GAODENGNONGYEYUANXIAONONGKELEIBENKE
FUHEXINGRENCAIPEIYANGYANJIU

高等农业院校农科类本科
复合型人才培养研究

薛海波◎著

中国广播影视出版社

图书在版编目（ＣＩＰ）数据

高等农业院校农科类本科复合型人才培养研究 / 薛海波著. —北京：中国广播影视出版社，2023.1
ISBN 978-7-5043-8927-5

Ⅰ.①高… Ⅱ.①薛… Ⅲ.①农业院校—人才培养—研究—中国 Ⅳ.①S-4

中国版本图书馆 CIP 数据核字（2022）第 195795 号

高等农业院校农科类本科复合型人才培养研究
薛海波　著

责任编辑　王　萱　彭　蕙
责任校对　龚　晨
装帧设计　中北传媒

出版发行　中国广播影视出版社
电　　话　010-86093580　010-86093583
社　　址　北京市西城区真武庙二条 9 号
邮政编码　100045
网　　址　www.crtp.com.cn
电子邮箱　crtp8@sina.com

经　　销　全国各地新华书店
印　　刷　艺通印刷（天津）有限公司

开　　本　710 毫米 ×1000 毫米　　　1/16
字　　数　185（千）字
印　　张　15.25
版　　次　2023 年 1 月第 1 版　　　2023 年 1 月第 1 次印刷

书　　号　978-7-5043-8927-5
定　　价　76.00 元

前　言

随着社会经济与科技发展，越来越多问题的解决要依靠多门学科的协同方可完成。高等教育中不断涌现出新兴交叉学科，传统学科间的界限在不断淡化，个体的一种职业非终身化现象，需要高校的教育和培养工作来帮助学生们形成足够的知识基础。由此看出，复合型人才的培养，反映了社会经济、科技发展以及个体职业的需要，已成为高等教育改革与人才培养工作中值得关注的一个重要问题。

随着乡村振兴战略的实施，现代农业在向多元化方向发展，涉农类企事业用人单位对农科类人才的需求也在发生变化，虽然我国农业高校在农科类人才培养方面一直在探索实践，但仍存在一些问题。本书将农科类本科复合型人才培养模式作为研究对象，在对农业高校目前的本科人才培养现状与涉农类用人单位人才需求分析的基础上，以人才培养的相关理论为依据，探究如何培养农科类复合型人才，旨在丰富农业高校高等教育改革的理论研究，也期望能为我国农业高校开展农科类复合型人才培养工作提供一些有益的参考。

介于上述研究对象，同时也以丰富"新农科"背景下农科类本科复合型人才培养模式研究为目标，以教育内外部规律、通识教育、人的全面发展观等理论为基础，本研究制定了详细的工作思路，具体分为四个方面：首先，对社会经济与人力资本关系、复合型人才的国内外研究现状、农科类复合型人才培养的实践研究状况等进行了文献综述，并在回顾我国高等农业教育发展历程与农科类人才培养模式演变历史的基础上，总结高等农业教育发展及农科类人才培养模式的经验。其次，选取国内外有代表性的高校作为研究的个案，对其农科类本科层次人才培养模式进行对比与分析，总结外国高校在农科类人才培养中的特点与实践经验，探究我国农业类高校目前在农科类本科复合型人才培养中存在的问题与原因。再次，运用访谈和问卷调查等方法，对涉农类企事业用人单位的人才需求进行了调研，分析用人单位对农科类人才的要求标准；同时，对部分高校的农科类复合型人才培养模式现状也进行了调研，分析并总结农业类高校所存在的相同或相似的问题。最后，结合我国农业高校在农科类复合型人才培养中存在的问题和涉农类企事业单位的人才需求，基于人才培养模式理论，针对我国农业高校在农科类本科复合型人才培养上，进行了创新实践与探索，并提出相应的管理对策与建议。

本书共划分为七章。第一章为总论，阐述了选题的背景和意义，对农科类复合型人才培养的有关研究进行了国内外文献综述，同时介绍了本研究有关的理论基础、概念界定和释义。第二章，回顾自清末至今我国高等农业教育的发展历程和农科类人才培养的演变历史，总结高等农业教育发展的规律，以及农科类人才培养模式演变的经验、启示等。第三章，简要介绍了西方国家研究型高校农科类本科人才培养的特点，基于人才培养模式的培养目标、课程设置、教学方式、教学评价与管理等不同因素，将中国农业大学与瓦赫宁根大学、浙江大学与阿德莱德大学分别作为比较研究的个案，总结中西方研究型高校在农科人才培养方面的差异，并讨论和分析国内农业高校在农科类复合型人才培养中存在的问题与原因。第四章，选择 H 农业大学农学院和昂热高等农学院、T 农学院和伯尔尼应用科技大学农学院，作为比较研究的个案，分析中西方应用型农业高校本科层次农科类人才培养中的差异，以及外国应用型农业高校的农科类人才培养特点和经验，并在此基础上，探究国内应用型农业高校在农科类人才培养模式中存在的问题与原因。第五章，针对涉农类企事业单位的招聘信息，从知识、能力和素质方面分析涉农类企事业单位农科类人才需求及标准；基于部分高校的农科类复合型人才的培养模式现状进行分析，探究农业高校目前在农科类人才培养模式中存在的问题。第六章，基于涉农类用人单位对农科类人才的需求与标准，以国际农经类复合型人才和农业产业化发展管理复合型人才为例，进行培养模式的创新实践；并针对农业高校农科类本科复合型人才培养，提出一些管理对策。第七章为最后一部分，对研究结论、建议和创新点进行概述，并提出本研究中的不足与展望，期望与行业领域的专家学者继续探讨与交流。

本书参考了大量的参考文献，大部分都在书后的参考文献中一一列出，由于多方面的原因，难免会有个别参考资料和文献没有在参考文献中列出来，在此对那些引用了其观点和资料，而没有在参考文献中列出的作者表示敬意与感谢！

此外，本书的出版得到了福建工程学院科研处与互联网经贸学院领导们的支持，也得到了中国广播影视出版社的大力支持，在此一并致谢！

薛海波

2022 年 9 月

目 录

第一章 研究意义与理论基础

第一节 选题背景与研究意义

一、选题背景

随着经济全球化和信息技术的发展，对高等教育和人才使用提出了新的需求，高等教育培养什么样的人才以符合我国在21世纪背景下经济、科技、社会发展的需要，是一个值得关注的重要问题。高等教育的发展，因社会经济发展的影响而不断变化，自20世纪50年代以来，学科呈现出综合化的发展趋势，也相继出现了一些交叉学科，例如：资源经济学、环境经济学、生物信息技术学等。同时，原有学科间的定义与界限在不断地淡化，不同学科间的渗透与融合在不断加深，像我国目前的高等教育界所提出的"新工科""新农科"等概念，均属于高等教育不断发展背景下学科之间渗透、融合、综合化的体现。同时，伴随着经济和科技发展，一些新问题在社会中不断涌现，例如：区域发展、社会治理、公民社会、战略选择与决策、气候环境变化等，这些复杂问题的把握与解决，单纯依靠传统的某一门学科或专业很难完成，而是要依靠多门学科、多种技术的综合应用方能完成；甚至要依靠理工结合、文理科知识的互相渗透、跨学科综合知识才能解决。这种背景与形势下，就要求高等院校不能只培养掌握单一专业技术的人才，而且要培养出掌握多种技术与管理技能的人才，甚至要培养具备多门学科专业、跨学科专业知识背景的人才。

目前，随着社会经济的发展，个体的就业观也在发生变化，个体终身从事一种职业的现象越来越少，对职业选择的自由度在逐步加大，个体更换工作岗位的频次也呈现出不断增长的趋势。一种职业的非终身化现象，促使高等院校由相对狭窄的专业设置，向宽口径专业设置的方向发展，以培养知识面更为宽泛的人才。个体从事多种职业的现象，也推动高等院校要不断革新人才培养的方式，以构建与社会时代要求相符合，并有利于个体向多元化方向发展的人才培养模式。

现代农业呈现出多元化发展趋势，像农业信息技术处理、数字农业、有机农业、观光农业等领域不仅需要能从事农业类科技研究的人才，也需要大量能掌握农业专业知识并从事农业生产、经营管理、项目开发、技术推广的应用型人才。近年来，涉农类企业对农科类人才的需求也在不断变化，越来越青睐那些素质较高、适应能力强的综合型人才，例如：涉及农场经营的企业倾向于招聘既能掌握农科类技术，又懂经营管理的人才；农产品国际贸易的企业，青睐于聘用具有农科类专业知识的、外语较好的、熟悉国际贸易流程的人才；涉农类跨国经营企业，则需要那些能掌握农业科技、熟悉农业项目经营管理、外语较好的综合型人才。此外，在乡村振兴战略实施过程中，"三农"问题的解决，同样需要多元化的人才来支撑，尤其是需要能进行涉农类产业化管理与创业的人才，以帮扶广大乡村地区推动农业和农村的发展。

在目前的社会人才市场中，经常遇到用人单位"招聘难"的现象，以及用人单位普遍反映毕业生的适应能力差、实践能力不足的现象，例如：一些企业的招聘主管认为，刚毕业的学生在社会适应能力、职业素质方面存在明显的不足，离用人单位的聘用标准有一定差距；一些涉农类跨国经营企业遇到了"招聘难"的现象，随着越来越多的农业企业"走出去"，对农业国际化人才的需求在增加，但人才市场中的农科类国际化人才数量相对不足。农业高等院校的重要任务是培养社会所需要的人才，国内高等农业教育也需要纳入整个社会经济发展的大环境中，并基于社会人才市场的需求变化，不断地革新人才培养模式，以培养适合社会经济发展所需的各类人才。

目前，我国农林类高等院校数量近 40 所（2022 年统计），全国重点院校有 13 所，拥有全国重点学科的有 21 所，在农业高等教育方面整体实力较强。但是，高等农业教育在进行规模扩张和不断发展的同时，现行的农业高等教育，尤其是一些地方农业高校，在人才培养方面还存在一些问题，例如：农科类专业的人才培养目标存在趋同性，缺少个性和专业特色，难以满足社会多样化、差异化的需求；农科类专业教育在很大程度上仍沿袭传统的行业教育模式，无论从人才培养理念，还是在培养方案设置上都还存在较为明显的"农业"局限性，致使学生知识结构相对单一、创新能力相对不足；高校的人才培养模式、教学方法及教育改革的现实与快速变化的社会市场需求存在一定的错位现象；高校教育管理体制调整不及时，人才培养模式与社会人才市场的变化和实际状况不能同步，使人才培养与社会人才市场需求不能完全匹配。

综上来看，随着社会经济和现代农业的发展，以及乡村振兴战略的实施，社会人才市场对农科类人才的需求在发生变化，农业高等院校有必要结合上述国内经济发展和社会形势，基于高等教育的发展规律，来分析和准确定位农科类人才的培养目标，同时对现行的教育管理和农科类人才培养的模式进行调整与优化，以切实培养与提高农科类毕业生的知识基础、综合素质和各种能力，进而帮助农科类专业的学生提高其社会适应性与其社会人才市场中的竞争力，以符合社会的需求。由此也看出，培养农科类的复合型人才，也将是今后我国高等农业教育改革和人才培养工作值得关注的一个方向。因此，本文试图通过对涉农类企事业单位的人才需求状况进行调研，分析社会人才市场对农科类人才的具体要求与标准，并基于对国内农业高校农科类本科人才培养模式的现状与存在问题的分析，在借鉴西方国家高校在农科类人才培养的实践经验与特点的基础上，尝试从管理学角度，以人才培养的相关理论为依据，探究如何培养农科类本科层次的复合型人才。

二、研究意义

1. 理论意义

复合型人才培养的重要性，已在高等教育界里获得了广泛的认同，但关于农科类复合型人才培养模式的实践与研究，还处于起始阶段，用于农科类复合型人才培养的指导理论也相对欠缺。本文主要围绕农科类本科复合型人才培养展开研究，力求能弥补农科类复合型人才培养模式在理论研究方面的欠缺，为农业高校开展农科类复合型人才培养奠定理论基础，本研究也因此具有一定的理论意义。

2. 实践意义

其一，本文是以农业高校农科类人才培养模式现状和问题为基础，在借鉴外国高校农科类复合型人才培养特点的前提下所开展的理论探讨与研究，具有一定的针对性，此研究既可以为高等教育主管部门制定相关的教育改革政策提供一定参考，也能为农业高校制定本科人才培养计划、优化农科类人才培养模式提供一些参考。

其二，本文针对社会人才市场对农科类人才的需求，基于人才的知识、能力和素质结构，对涉农类企事业用人单位的人才需求进行了调研与分析，并总结了社会用人单位对农科类人才的要求标准，力求为我国农业高等院校优化农科类复合型人才培养的模式提供一些依据与参考。

其三，本文在对农业高校人才培养中存在的问题与涉农类用人单位人才需求分析的基础上，围绕人才培养模式相关理论，针对如何优化农科类复合型人才培养模式提出对策与建议，期望能为我国农业高校提供一些有益的参考，具有一定实践意义。

第二节 国内外研究现状

一、经济发展与人才资源研究现状

1. 经济发展与人才资源

在人力资本能推动经济发展的问题上，国内外经济学界早已给予了认可与肯定。人力资本理论的建构者——西奥多·W·舒尔茨（Theodore·W·Schurz）曾指出，增进福利的决定性生产要素是人口质量，而不是空间、能源和耕地。舒尔茨曾经运用效率收益法对人力资本投资中最重要的教育投资进行过测算，人力资本投资在经济中的贡献率超过了30%，人力资本对经济增长有着较大的影响。罗伯特·卢卡斯（Lucas Robert），运用两商品模式（Two Goods Model）模型对人力资本与经济增长的关系进行了研究，并得出了一些结论，即：人力资本的外在效应能产生一定的递增收益，使人力资本成为促进经济增长的动力源，社会经济得以持续增长的一项决定性因素和产业发展的真正源泉是人力资本积累。

一些学者对人力资本与经济增长关系进行了实证研究，克劳斯·W·梅格（Klaus·W·Meyer）（2018）等，对管理类人力资本与产业发展的关系进行了一定的研究后得出，管理类人力资本，能在跨国企业的战略决策和项目管理中发挥着重要的作用，也能对产业的发展和结构调整起到一定的推动作用。也有一些学者对人才资源与经济增长的关系进行过研究，例如：李彬、张纪（2009）对高新技术产业人才与高新技术产业发展进行了研究，得出在国内高新技术产业发展过程中，人才发挥了较大的人力资本支撑作用。董志华（2017），通过运用扩展的索洛模型对人力资本和经济增长的关系进行了实证分析，结果表明人力资本在经济增长的过程中起到了较为显著的促进作用。陈曦（2018）等，对投资人力资本与经济增长的关系构建了联立方程，依托联立方程进行实证后发现，投资人力资本能比较显著地促进经济的增长。

2. 产业结构变化与人才供给

某一行业或产业的结构优化升级离不开人才的支持，而产业结构的调整又必然会引起人才需求结构上的变动，在人才结构与产业结构互动的过程中，这两种力量不断地在动态变化中保持一定的平衡关系。高等教育作为人才培养的主要方式，与产业结构调整、产业发展有着一定的关联性。岳昌君（2017），对国内的高等教育结构与产业结构间的关系进行了实证性的分析研究，得出了产业结构与教育结构有较大关联性的结论，产业的结构变化影响着教育结构调整与人才培养变化。李彬（2007），对高校人才培养与行业发展变化的关系进行了研究，提出在高校教育中，应以行业发展、产业结构和技术结构调整所带来的人才需求结构变化为参考，从培养方式和专业设置方面进行调整，方能有效地供给社会所需要的人才。苏丽锋（2016）等，对高等教育人才供给与产业结构调整的变化适应性进行研究后指出，高校教育中的人才供给与产业发展的人才需求应是一种相对均衡的状态，高等教育应基于劳动力市场的人才需求变化来做好人才的供给工作。

3. 农业发展与人才供给

农业及相关产业结构的变化，也会拉动人才结构的调整，必然会要求人才市场的人才资源以及农科类人才的供给与之相适应。农业高等院校作为农科类人才的"培养者"和"供应者"，需要主动适应农业及相关产业结构的调整，来优化农科类人才的结构和质量，以发挥农业高校人才供给的适应性作用。李秋红（2016），对区域内新农村建设进行了研究，认为新农村建设的本质在于实现农业、农村和农民的现代化转型，即改造传统农业为现代农业，在改造传统农业向现代农业发展过程中，需要大量与现代农业发展相适应的人才，高校应当积极推动农业教育改革，以保障农业人才供给。孙学立（2018）对农村人力资源供给与乡村振兴进行了实证研究，他认为，乡村振兴需要涉农类人力资源的供给，在农业经济的发展和产业转型过程中，涉农类人才是强大的智力支撑。

4. 评述

综上所述，通过对经济发展与人才资源、产业结构调整与人才供给的相关研究来看，关于经济发展变化与人力资本的相关研究已相对完善。关于农业及相关产业发展与人才供给的研究在逐渐完善，这为本文的研究工作奠定了较好的基础。农业及其相关产业也包含在社会经济发展的范围内，人才资源对农业及相关产业的结构调整有一定的推动作用；现代农业的多元化发展，涉及较多农科类的跨学科和跨专业领域，对人才资源的综合型与复合型要求也越加明显；实施乡村振兴战略的关键在农村和农业，依靠农业及相关产业的发展，来带动农村的发展和农民收入的提高，而乡村区域农业的发展同样需要人力资源的支持。因此，高等农业院校作为涉农类人才的重要培养机构，要结合现代农业发展的特点、乡村振兴战略实施的要求、社会人才市场的需求，从目标制定和培养方式方面，进行优化与调整，做好人才资源的支持工作。

二、国外关于复合型人才培养的研究现状

随着科技和经济发展，针对新世纪如何培养人才的问题，各国虽有一些不同的教育构想与培养规划，但大多都强调将不同的学科专业、不同的专业课程分别进行交叉与复合，目的是培养跨学科专业的复合型人才。比如：美国哈佛大学（Harvard University）较早地提出要培养行业领域能力强的"领军人物"，而并非专业技术人才；麻省理工学院则提出来要根据世界经济发展趋势，来培养全球经济背景下的综合素质较高的"工程师"。日本提出，依托高等教育建立一种"社会理工学"，把不同学科合并成一个学科来培养综合型人才。

自进入 21 世纪以后，整个世界范围内都在研究和实践复合型人才的培养，例如，美国的哈佛大学就曾提出实行具有基础性、综合性和选择性等特点的"哈佛学院课程"，以注重和强调跨学科内容的教学，让学生尽可能多地了解和掌握多门学科知识，以便能在迅速变化的学术研究领域中保持卓越性。

美国其他高校也积极效仿哈佛大学的做法，陆续提出学士学位教育改革的计划，并尝试建立一些跨学科教学中心，开设跨学科专业的课程，让学生们学习不同学科的专业知识，以培养复合型的人才。例如：华盛顿大学的文理学院，结合学校资源优势，设置了一系列跨学科专业类的课程，让学生学习跨学科专业课程内容，以拓宽不同的知识视野和基础结构，并给出了详细的学习规定，每名学生要主修人类社会、科学文化、地球空间等跨学科领域中的至少4门通选课程，以扩大他们的专业知识面。德克萨斯大学的奥斯汀分校（University of Texas at Austin），专门设立了多学科综合的本科阶段课程体系及跨学科主修专业课程组合，让攻读学士学位的学生根据学习兴趣跨学科选课学习，同时增强创造力和创新思维的训练与培养，以培养社会所需的专业的、复合型的人才。

如何有效地管理和整合各类教育资源以实现复合型人才的培养，一直是教育界关注的焦点，为此，西方国家的部分高校也进行了有关的研究和实践。畅肇沁（2018）对牛津大学的"导师制"教学模式进行了介绍，此教学管理制度，有利于灵活地开展跨学科专业人才的培养与管理，有利于培养学生的探究能力和综合素质。悉尼大学在整合具有相关性的不同学科专业资源基础上，提出不同院系间联合培养人才的模式，通过跨专业教育和课程学习，让学生尽可能地掌握多个不同学科专业的知识。

针对复合型人才的培养，西方国家高校正在拆除学科之间的壁垒，积极探索综合化教育和跨学科人才培养模式，通过不同专业教师一起合作的方式，实施宽口径、综合化的课程教学，以培养复合型的人才。对此，国内部分学者均在其论著或研究中提到了西方高校复合型人才培养的实践经验。卢晓东（2014），以美国九所一流高校为个案，对中美高校的本科专业设置进行了比较分析，得出了美国高校在跨学科教育和人才培养方面的特点，即：美国高校普遍拥有专业的设置权，能根据学科发展变化和市场人才需求，来设置和优化跨学科专业和个性化专业，能较为便捷地培养创造性的跨学科人才。朱乐平（2017）对美国部分一流大学的专业设置管理进行了研究，发现美国高校比较注重跨专业教育，大多数高校均拥有根据社会行业发展状况进行专业设置调整的自主权，并积极实践跨学科专业的管理机制，以培养综合型的人才。张晓报（2017），对美国研究型大学跨学科人才培养进行研究后发现，美国部分研究型大学主要借助于跨专业设置、跨专业课程和双学位制的三种模式，来组织和实施跨学科人才培养，以满足不同学生的学术兴趣和发展需要。

课程与教学方法，是复合型人才培养的一个关键因素，西方国家高校一直在改革与优化实践。孙莱祥（2005）介绍了哈佛大学、斯坦福大学、牛津大学、剑桥大学、东京大学等世界一流高校的课程改革与教学创新的经验，这些高校在本科复合型人才培养中，均强调文理学科交叉、不同专业的知识融合以构建跨学科的课程教学体系。范冬清（2017）等，对美国研究型大学的跨学科人才培养特点进行了研究，发现美国的大多数研究型大学开设了较多的跨学科类课程，本科阶段的跨学科课程学习较为普遍，跨学科的形式灵活多样，涵盖学位课程与非学位课程，课程知识交叉既有科学与工程领域内的交叉融合，也有人文社科领域的交叉融合，注重灵活性与严谨性并重的原则，让学生灵活地选修以拓宽知识基础。周恩慧（2013），介绍了英国牛津大学在复合型人才培养过程中的课程设置模式，该校将两个或三个不同学科专业的课程内容进行重新整合与构建，组成"复合式"的课程，以培养跨学科的复合型人才。

关于农科类复合型人才的培养，西方国家高校在培养模式和方法方面一直在不断完善与创新。王霆（2017），对美国部分农业高校复合型人才培养方案和教学进行了研究，美国高校的培养方案既强调跨学科培养的复合性，又注重独立学科培养的完整性；部分高校的教学比较重视案例研讨、问题式教学、启发式教学等方法，着重培养学生的问题解决能力和创新意识，强化学生综合素质培养。陈新忠（2018），以霍恩海姆大学为例，对德国高校的农科类专业建设与人才培养进行了探究，该校通过优化跨专业设置、组合跨专业课程内容、革新教学管理体制等方式，探索和实践农科类复合型人才的培养。总体来看，关于非农类复合型人才培养的实践与理论研究在逐渐增多，而专门针对农科类复合型人才培养的研究，西方国家也相对不多。

三、国内农科类复合型人才培养的研究现状

1. 人才培养模式

所谓的人才培养，是指对被培训人员进行教育和培训的过程。随着高等教育改革的推进，"人才培养模式"一词在近年来的教学实践中也被频繁提及。自20世纪90年代以来，有关人才培养模式概念界定，一直有广义和狭义两种不同观点。所谓狭义的人才培养模式，通常是把"培养何种规格的人"与"如何培养该类规格的人"进行简单相加，往往侧重于"如何培养"的问题，这种观点通常会把人才培养模式限定在"教学模式"这个范围内。也有学者基于人才培养组织的研究后指出，人才培养模式是在一定教育规划下，以特定"培养目标"为中心，所采取的教学活动的组织与操作方式。原教育部副部长周远清先生，曾在教育部组织的普通高校教学工作会议中指出，高校教育中的人才培养模式是人才培养目标规格与人才培养方式的总和。

广义的人才培养模式，则涉及各种要素的组合与管理，不仅包括人才培

养目标的制定，也涵盖人才培养过程的计划、构建与管理等。李志义（2007）曾经对国内高水平大学如何构建人才培养的模式进行了研究，并得出国内高水平大学普遍将"人才培养模式"看成人才培养过程中所有涉及要素的组合，包含人才培养规格、培养活动、培养管理过程等内容。聂建峰（2018），对大学中的人才培养模式几个关键问题进行了分析并指出，高等教育中的人才培养模式从系统要素来看，主要由人才培养的理念和目标、培养主体、培养内容、培养方式、培养评价等构成。赵智兴（2019），对人工智能时代的高等教育人才培养模式革新与变化进行了研究并得出，虽然人工智能对高等教育人才培养模式变革产生了较大影响，但人才培养模式仍涵盖人才培养目标、培养主体、课程内容、教学评价与管理等各类要素的组合。总体来看，持广义界定观点的学者，大多强调人才培养模式的整体性，将人才培养模式看作是系统的、整体的、综合的过程，应当包括人才培养目标制定、培养的基本途径、培养的基本方式、培养过程中的评价体系以及培养中的管理等不同环节。

2. 本科人才培养目标研究

人才培养目标是高校人才培养工作的核心，也是各项教育和教学工作的出发点，确立合理的、适宜的本科人才培养目标，是高校本科教育工作的关键，对人才培养工作也起着方向性的引导作用。关于本科人才培养目标，国内一直有较多的研究与探索；自20世纪90年代中期以来，针对高校在本科层次人才培养目标定位，也一直有专才和通才的争论。目前，大多数学者认为，在本科人才培养中，应该将专才培养与通才培养相结合，本科教育也应该去除过分专业化教育的倾向，使培养出的人才更符合综合化、职业化、复合型的特点。随着高等教育的不断发展，从微观层面对本科人才培养目标的研究逐渐增多，王严淞（2016）在对国内大学本科人才培养目标的研究和论述中指出，大学本科人才的教育培养目标应从人才的知识、能力、素质等三要素来识别或构建。王平祥（2018），对世界部分一流大学的本科人才培养目标及其价值取向进行了研究并指出，目前一些世界一流的大学结合社会人才市场的需求状况，从知识、能力、素质三个方面，对本科人才的培养目标进行定位和构建。高等教育的发展，通常要受到社会经济发展的影响，高校如何制定和优化本科人才的培养目标以适应社会人才市场的需求，如何更好地培养人才以适应社会发展的需要，均是值得持续关注和研究的问题。

3. 复合型人才培养研究

在本科层次人才培养过程中，国内高校一直在积极探索与实践，武汉大学在 1983 年率先提出和实践"双学位制"和"主辅修制"，这标志着国内大学开始了对复合型人才培养的实践探索。对于如何有效地培养复合型人才，一直在国内教育界备受关注，不同学者也从不同角度分别进行了一系列的研究。卢晓东（2003），对北京大学跨学科人才培养进行了研究，认为辅修专业、双学位的学生能具备两个专业领域的知识，并能掌握交叉学科领域基础知识，在社会中更具有竞争力。陈珏（2016），对"技术＋管理"类的复合型人才培养进行了探究，认为实践教学在复合型人才培养中起到重要作用，从实践教学的目标、组织、实施、基地建设等方面需要有完整的体系支撑。齐殿伟（2016），对会计学专业的复合型人才培养模式进行了研究，并阐释了高素质的复合型人才培养可着重从教育理念、培养方案、课程体系三个方面来构建和优化人才培养模式，比如：加强教学团队建设、革新教学方法与手段、完善教育管理体制等，以此来保障人才培养的顺利实施。张法连（2018），对新时代法律英语复合型人才的培养机制进行了探究并指出，针对复合型人才培养，借助跨学科课程模块和跨学科课程体系的构建是有效的模式和途径。

孟茜宏（2018），对数字创意产业中的复合型人才培养机制进行研究后指出，高层次的复合型人才培养，应从培养规格设定、专业优化设置、培养过程管理等方面进行全方位的探索，以构建有效的人才培养机制。

总体来看，针对复合型人才培养实践的研究较为丰富，涉及培养目标制定优化、跨学科课程体系建设、教学方法革新、实践教学完善、教育管理调整等方面，这为探索各类复合型人才培养奠定了良好的理论基础。

4. 农科类本科人才培养研究

我国针对农科类人才培养进行系统的研究与实践，开始于20世纪80年代中期，农业高校在农科类人才中培养中也一直在探索。在人才培养目标定位方面，大多数研究者均认可人才培养目标应是多层次、多样化的，研究型、综合型的高校多侧重于学生知识面的拓宽和研究型人才的培养；而应用型院校多侧重于培养科技类的应用型人才。高等教育中的人才培养目标制定，通常要受社会经济发展的影响。随着现代农业的发展，社会对人才要求呈现出多元化和多层次性特点，不仅需要能从事农业科研方面的人才，也需要各类能掌握农业科技并进行生产管理的应用型人才；此外，乡村振兴战略的实施与推进，也需要各类农科类专业人才和涉农类综合型人才，尤其需要那些富有创新意识的人才作为支撑。为此，部分高校在积极探索农业类人才的培养。刘雅婷（2017）等介绍了云南农业大学采用多元协同的模式，以培养植物生产类的创新、创业人才；唐滢（2017）等介绍了华中农业大学通过开设特色实验班，为贫困山区培养创新型的涉农类人才；邱小雷（2017）等，对国内部分高校开展创新、创业人才培养的模式进行了研究，分析了"互联网+"时代的农业创新、创业人才的培养模式，该模式对农科类综合型人才培养有积极的影响作用。

针对社会对农科类人才需求的变化，一些农业高校结合本校的教育资源在人才培养模式方面进行探索与实践，例如：中国农业大学提出，通过构建"三平台"课程体系，结合两段式的人才培养模式，培养涉农类高素质的本科人才；省属高校四川农业大学，在通识教育与专才教育优势特点的基础上提出，通过构建"通识基础知识教育＋专业知识教育"的课程结构，打造富有特色的人才培养方式，以培养知识面宽广的综合型农业类人才。农科类人才培养目标和理念的变化，也会促使学科专业设置与课程内容的进行调整与变化，以达到与之相适应的目的；例如，西北农林科技大学结合社会人才市场的要求，对学校现有学科专业进行整合，尝试建立一些与农业经济发展关联密切的跨学科专业，并提供一些文理渗透和交叉学科专业的课程供学生们学习，以培养复合型的人才；再比如，福建农林大学在修订的本科教学计划时，加强文理渗透与学科交叉，扩大选修课程比例，在农科本科人才培养中开始强化人文学科的教育，以培养和提高学生们的综合素质。

5. 简评

总体来看，关于如何系统地开展农科类复合型人才培养的研究相对较少，在现有研究中，大多仅限于一些农业高校为改进人才培养方案，针对人才培养目标、课程设置、教学内容进行的调整与优化，缺乏系统性和整体性；从复合型人才的型来看，大多高校目前的实践，也主要局限在农科类专业与人文学科专业的复合，总体代表性不强，该实践和研究的范围也不全面。目前来看，对农业高校农科类本科复合型人才培养模式的研究，还存在一些不足与缺陷，尤其是在目前大多数的农业高校中的农科类专业所占比重在逐渐降低、农业高校在向综合型学校发展的过程中，如何结合社会经济和现代农业的发展需求来优化农科类复合型人才培养模式，值得进一步研究与探索。

第三节　理论基础与概念释义

一、复合型人才概念与含义

1. 复合型人才的概念

人才，通常是具备某一行业或某一学科专业领域的知识与基本技能，并具备较高素质和一定能力，能进行创造性劳动的个体，知识、能力和素质是人才的三个基本构成要素。复合型人才，通常是指多才多艺的人才，能掌握两门或两门以上的学科专业知识和技能的人才，也被称之为"多功能人才"；从高等教育的人才培养角度来看，复合型人才是指，高校通过一定的教育模式，所培养的能掌握多种学科专业知识、具备宽广的知识结构、拥有相对较高的综合素质、富有跨学科意识并在各个方面均有一定能力的人才。

2. 复合型人才的特征

其一，综合素质高。个体在心理意志、心理特征、身体健康状况、思想文化水平等方面均具有良好的状况，并且在智商、情商、道德修养、社会公德意识、社会责任心等方面也具有相对较高的认可度和水平。

其二，宽阔知识面，较高的知识交融度。个体的知识面较为宽广，并且拥有扎实的知识基础，能够将多门学科或专业的知识进行融会贯通，并能相互渗透、文理综合，且富有一定的创新意识和创造能力。

其三，社会适应能力强。个体拥有较为扎实的学科基础和宽广知识面，较强的专业技能，知识结构合理，能在具体工作中具备良好的应变能力和较强的社会适应能力。此外，在跨行业、跨专业的领域，也能具有良好适应性，能胜任跨专业领域的工作。

3. 有关复合型人才的类型

从高等教育中的学科和专业的教育背景角度看，复合型人才主要有三种类型：

其一，跨一级学科类型。例如，北京大学开设"文史哲"特色兼修试验班，以"文史哲"为起点，将涉及文学、哲学和历史学的三个相近的学科门类的教育资源进行组合，实施跨学科专业教育，以培养具备宽厚的人文科学专业基础、较高综合素质、创新意识的文科类复合型人才。

其二，跨二级学科类型。例如，华南理工大学为培养复合型人才而创办的"3+2"学制的"国际贸易特色班"，让那些外语水平较好的理工科专业学生，跨学院、跨学科学习工商管理、国际贸易、市场营销等专业的知识，目的是将他们培养成既具备工科类专业知识，又能掌握国际贸易或工商管理类知识的跨学科、复合型的人才。

其三，主修某一专业，兼具其他学科专业知识。例如，目前一些国内高校开设了主辅修制、选修课制，以此来扩大学生们知识面，促使各学科的交叉与渗透，以丰富学生们的知识结构，目的是提高学生们的适应能力，为将来就业打基础。

二、人才培养模式概念界定

关于"人才培养模式"的概念，我国很多学者都对其下过定义，有关的理论研究在高等教育界仍处于探讨阶段。我国原教育部副部长周远清先生曾认为，"人才培养模式"是指人才的培养目标与实现既定培养目标的方法、手段和过程的综合。在高等教育界，大多数学者也普遍认为"人才培养模式"应涵盖四个方面内容：首先，人才培养目标与规格的制定；其次，为完成已制定的人才培养目标的整个培养过程；再次，人才培养过程中的教育管理与保障机制；最后，人才培养过程中，所采用的教学方式、方法，以及教学评价反馈机制。整个人才培养模式可简化为：培养目标＋培养过程与方式（含教学内容和课程＋管理和评估制度＋教学方式方法）。

本研究中，也将以上述"人才培养模式"的概念界定为依据，将人才培养模式涉及的因素分为：人才培养的目标、课程的设置、教学的方式方法、教学的评价、教学管理、高校办学管理等，并将依据此界定的概念和涉及的因素为基础，分析我国农业高等院校的农科类本科人才培养模式现状与存在问题，以及分析中外高校在农科类人才培养模式方面的特点与差异。

三、其他有关的概念界定与释义

1. 农科

"农科"，即农学门类所属学科专业的总称。根据 2012 年修订并颁布的《普通高等学校本科专业目录》，农学门类共分为植物生产类、草业科学类、森林资源类、环境生态类、动物生产类、动物医学类、水产等七大类。涵盖了农学、园艺、植物保护、草业科学、林学、茶学、农业资源与环境、园林、水土保持与荒漠化防治、动物科学、动物医学、水产养殖学等十六个本科专业。

由于一些生物科学类、环境科学类、工程学科类的专业与农业、农科均有一定的联系，所以本研究中对"农科"概念的界定属于广义的概念，不仅包括上述七大学科门类的十六个本科专业，还涵盖：生物学、生物化学、微生物学、生物技术、环境学、生态学、食品科学工程、营养与食品卫生、医学营养学、农业经济管理、林业经济管理等生物科学类、环境科学类、工学等专业。

2. 本科生与农科类本科生

本科生，是指在高等院校中为了攻读学士学位而学习的大学生。本研究中所指的农科类本科生，则是指正在高校农学门类所属的学科专业中学习的全日制本科生。

3. 关于高等农业院校的范围问题

在本研究中，高等农业院校不仅仅涵盖国内普通高校的校名中包含"农""林""水产""海洋"等字的院校，也包括实施农科类本科教育且高校校名中不含"农""林""水产""海洋"等字的综合类院校，像浙江大学、西南大学、贵州大学、扬州大学、海南大学等学校也开展农科类专业的本科教育，也在本研究的范围之内。

4. 复合型人才标准的释义

复合型人才通常要求具备较为宽广的知识基础、较高的综合素质、较强的能力，是相对抽象和没有限度的，但如果结合社会行业发展状况和用人单位的具体要求，复合型人才的标准，则有相对具体的标准。因此，本文结合社会用人单位的招聘要求来分析复合型人才的标准，有一定的可行性。

5. 复合型人才培养的层次释义

在人才培养中，不同的培养和教育层次，往往有不同的培养目标和要求。本科阶段的培养目标，侧重于要求学生具备学科专业基础知识、掌握专业技术与技能，有相对较宽的知识基础；让学生能成为具备一定综合素质和能力的综合型人才，为直接社会就业，或继续攻读研究生从事研究工作做准备。而研究生阶段教育，主要是以培养"研究类型"的人才为目标，通常要求学生能具有较"深"的专业知识、相对较强的专业研究能力。本文主要是以本科层次的复合型人才作为研究的对象和基点，对农科类复合型人才培养模式的优化对策，进行较为深入的探究。

6. 农科类复合型人才与一般复合型人才的区别

与一般的复合型人才相比，农科类复合型人才增加了"农科"这个限定性的概念，农科类复合型人才，也应是属于复合型人才概念的"子概念"。本研究中认为，农科类复合型人才，既具有复合型人才的一般规定性，又具有农科类人才的特殊规定性，其概念可界定为：通过一定教育模式所培养的，能掌握两门或两门以上农科类的专业理论知识和技能、具有宽厚农业类及相关专业类的理论知识、富有跨学科意识和创新精神的、具备较高综合素质和较强社会适应能力的人才。

7. 教育管理与教学管理

通常所说的"管理"，是指在特定环境中，由管理者通过实施计划、组织、人员配备、领导、控制等职能，以完成既定的目标的过程。教育管理，属于公共管理，是指管理者通过组织协调教育资源与人员，发挥教育所涉及的人力、财力、物力等作用，利用教育内部各种条件，以实现既定的教育管理目标的过程。而教学管理则是以管理科学、教学论原理与方法为基础，充分发挥计划、组织、控制等管理方面的职能，对教学过程中涉及的各类要素进行统筹安排，以达到有序、高效率运行的过程。教学管理通常涵盖教学计划管理、教学组织与实施、教学质量管理、评价等环节。

8.研究型农业高校与应用型农业高校在人才培养中的差异

由于研究型农业高校与应用型农业高校在办学定位、发展水平、人才培养规格设定、学科专业、课程设置、教学管理等方面存在差异，在农科类人才培养模式方面存在的问题也会有差异，本研究主要是基于中外高校在农科类本科人才培养模式方面的比较与分析，结合对农业高校农科类人才培养现状的调研，总结国内农业高校在农科类人才培养中存在的相同或相近问题，来探索农科类复合型人才培养的优化对策。

9.国内外高校比较个案选择标准与释义

在选取国内农科类人才培养的高校作为研究个案时，秉承几个方面的原则。其一，每一种类型高校选取其中一所具有代表性的学校。在全国农业类本科院校中，根据发展目标定位、层次、办学类型等标准可分为研究型、综合型、应用型和都市型等不同类型。其二，部分或大多数农业高校已在实践"综合型""复合型"农科类人才培养模式，或者实行"宽厚基础＋多方向"的人才培养模式，从中选取具有代表性的高校。基于以上两个原则，选取中国农业大学作为研究型农业高校的研究个案、选取浙江大学作为开展农科类人才培养的"综合型"高校的研究个案、选取 H 农业大学作为培养应用型农科类人才的研究个案、选取 T 农学院作为以培养应用型农科类人才为主的、都市型农业高校研究个案。

四、理论依据

1.人力资本理论

人力资本理论是由西奥多·W. 舒尔茨（Thodore W.Schults）创立，他认为，人力资本在社会经济增长过程中所起的作用，通常要大于物质资本的作用，尤其是那些能胜任岗位职责和适合行业未来发展的高素质人力资源，对促进经济的增长有较大影响。人力资本理论是经济学中的重要理论观点，在经济发展中，投资于人力资本所获得的效益要比投资于物质资本所获得的效益大；在人力资本中，人力资源质量的提高是核心部分，教育和技能培训是提高人力资源质量的途径，高等教育投资也是人力投资的主要手段。依据人力资本理论，经济学家们对教育价值开展了较多的研究，对学校教育投入在经济增长、促进社会发展、劳动力市场供给等方面的价值进行重新认定与评价。目前，经济学家普遍地赞同教育的经济价值是个体通过对自身的教育投资提高其作为生产者和消费者的能力，教育是推动人力资源形成和质量提高的重要途径，高等教育也对人力资本产生起到重要作用。

2. 供给需求理论

马克思较早地提出关于供给与需求关系的理论，他认为供求关系是商品经济中的基本关系，在社会市场中，"需求"和"供给"是互相对立的两个范畴，两者是一种辩证的关系。在经济学中，"均衡"理论主要涉及需求和供给两方面的问题，其本质是经济主体行为的相互一致，所谓的"供需均衡"是指在市场经济中，若某类产品或要素的需求与供给恰好相等，这说明需求行为与供给行为是互相一致的，市场实现了供需的均衡。

人才需求和供给，是在经济学的"供给和需求"范畴中引入人才学后所产生的新概念，对社会人才市场而言，人才需求是指社会在一定时期和一定范围内的人才需要能力；对社会用人单位而言，人才需求则是指用人组织机构或单位在一定时期内，根据人才市场中的、各种可能的价格水平为基准，愿意聘用的人才数量或者是人才的工作时间。高校通常是人才的主要生产"基地"，而社会的人才市场和用人单位是人才的主要"接收者"，高校与用人单位的关系，就相当于人才供给者和人才需求者的关系。涉农类用人单位是农科类人才的重要"使用者"，因此，农业高校在农科类人才的培养中，要充分参考用人单位的需求，做好人才的培养与供给工作。

3. 教育的内外部关系规律理论

教育在发展过程中，通常存在两种关系规律，即：内部关系规律和外部关系规律。所谓"教育外部关系规律"，通常是指教育作为社会发展诸多子系统其中之一，在发展与变化时，与社会其他的政治、经济、文化等子系统之间的关系规律；而"教育内部关系规律"，通常是指教育内部环境中的各子系统之间相互影响、相互作用的关系规律。教育的发展，通常要受到社会政治、经济、文化发展状况的影响，并为影响其发展变化的社会经济、政治和文化而服务。农业高等教育，作为高等教育中的一部分，也必须遵循与相社会适应的原则，以服务于社会经济发展和人才市场需求为前提，不断革新和优化人才培养方式，培养社会所需的人才，以主动适应社会发展的需要。

4. 人的全面发展理论

马克思主义关于人的全面发展学说是，"个体与社会是不可分割的两个方面，社会是人的集合体，人是社会的人，社会是人的社会"；那么，人的全面发展，是指个体的智力与体力得到充分地、自由地、和谐地发展，也强调个体与社会之间的协调统一发展。作为马克思主义的基本理论之一的"人的全面发展学说"，是高等教育的重要理论基础，是农业高等教育人才培养和教育工作的理论基础，也为我国高等农业院校培养适应社会发展和时代需要的德、智、体、美、劳全面发展的人才，提供了理论方针指导，是学生个体发展的广度与深度全面结合的理论依据。

5. 素质教育理论

在社会范围内上，素质一般定义为：个体的身体健康程度，文化水平的高低，思维创新意识、事物观察能力，以及情商、智商水平的高低，心理素质的综合体现。从教育学角度来看，素质是指在先天遗传基础上，受教育、社会、文化和实践等因素的影响，逐渐形成的、较为稳定的个性心理特征，是个体先天的品质与社会教育的融合，是个体各类因素的整体表现。基于上述此观点，人才三要素中的"素质"部分，可涵盖身体素质、思想道德修养、心理素质、个性特征等。

在人才培养过程中，注意个体素质的整体性，并非只强调身体素质、思想道德素质、文化素质、心理素质等其中一项，或几项内容的培养，而应强调个体的德、智、体、美全面协调发展。在素质教育过程中，注意协调好专业知识的传授、能力的锻炼与提高、素质的培养三者之间的关系，以促进个体的全面发展。

6. 专才教育理论

所谓专才教育，通常是以培养能掌握某一学科专业的基本理论知识和技能的、能从事某个行业领域工作或某种职业的人才为目的，且围绕此目的而进行的教育组织活动或教育过程。专才教育侧重于让受教育者接受专业知识的学习和专业技能的训练，以适应社会某一职业，或某一行业发展的实际需要。此外，在专才教育模式下，学生虽然能在所学的专业领域范围内有效地工作，但总体专业技能较为单一、知识面也相对狭窄，个体发展的全面性相对较差。

7. 通识教育理论

所谓"通识教育"，也称为"普通教育"或"通才教育"等，是由人文主义发展而来。通识教育通常是让受教育者接受非专业性的教育，将他们培养成为掌握一定自然科学、社会科学与人文科学的基础理论知识与技能，使个体得到较为全面发展的人才教育模式。开展通识教育的目的，不在于个体掌握多少专业知识与技能，而在于受教育者个体的心智与潜能是否得到开发；让学生能具备健全的人格，具有综合而广泛的知识结构，成为全面发展的个体。

五、复合型人才培养的指导思想与原则

1. 坚持知识、能力、素质三方面并重的原则

复合型人才的基本特点是"多才多艺"，也涉及知识、能力和思维意识等方面的复合。因此，复合型人才的培养过程中，需要促进个体的知识、能力、素质三者的统一和协调性的发展，坚持三者并重的原则，以培养学生具有宽厚的知识基础、较高的综合素质、较强的社会适应能力。

2. 遵循按需施教和因材施教的规律

目前，一种职业的非终身化现象越来越普遍，个体的就业观和职业发展理念在随之变化，那么学生对学校学科专业知识的学习会有较多的需求。因此，复合型人才的培养，有必要遵循"按需施教"的原则，来满足学生对不同学科、专业、课程知识的学习要求。此外，由于个体的先天遗传因素、成长环境、爱好兴趣、受教育程度、实践经历等方面存在不同，高校人才培养工作有必要考虑到这种差异性，做到"因此施教"，有的放矢地开展教育工作，以培养不同类型的复合型人才。

3. 基于终身教育思想培养复合型人才

终身教育通常是个体在一生中连续不断的学习过程，这往往要求学生们

在接受学校教育期间能掌握基本的工具类知识、学习的方法以及整体性的知识结构。终身教育思想指导下，学习成为伴随个体一生的、连续性的活动，是个体发展的基础，传统的一次性学校教育不太适应个体自身发展需要。因此，在复合型人才培养过程中，要体现出终身教育的思想，教会学生学习的技能与方法，培养并提高个体的学习能力、社会适应能力等，以适应学习化社会对个体发展的要求。

4.遵循社会需求原则

社会对某类人才的需求量增加，这往往与一定时代背景下的社会经济发展、行业转型、科技进步等方面的影响有较大关系。农科类复合型人才的需求状况，也往往受社会经济、农业发展、涉农类产业、社会人才市场等方面的影响。反之，农科类复合型人才的培养，也需要明确社会人才市场对农科类人才的需求状况，从人才培养规格的制定、培养方式的选择、培养过程的管理等方面，体现出符合社会需求的原则，方能有效地培养社会发展所需要的人才。

六、复合型人才培养模式构架

1.通才教育与专才教育相结合的模式

专才教育与通才教育各有其优势和特点，通才教育与专才教育可以相辅相成，互为补充，两者可以逐步递进和不断地深化。在农科类复合型人才培养过程中，农业类高校可以将"通才教育"与"专才教育"进行结合运用，在通识教育观念指导下，对所涉及的不同学科专业进行交叉组合，让学生们学习不同学科专业的知识，培养和锻炼专业技能，并增强个体的人文素养学习以具备充足的知识基础，以便成为社会发展所需的综合型、复合型的人才。

2. "宽基础 + 多方向" 人才培养模式

随着信息技术和现代科技的不断发展，使得各个行业间的界限在逐渐淡化，行业之间的联系也在加强，部分职业的专业化界限在减弱，这要求个体能具备较为宽广的知识结构；显然，相对狭窄的专才教育模式已不能适应社会科技和个体就业发展趋势的需要。鉴于传统专才教育模式的不足，教育界也在研究和探索不同的人才培养模式，通过加强文理渗透，开设一些学科交叉的不同专业和课程，能让个体具备丰富的知识基础，以培养社会所需要的综合型、多方向型的人才。"宽基础 + 多方向型"的人才培养模式，有利于培养复合型的人才，已逐渐在高校教育中引起关注。

3. 农科类复合型人才培养模式的框架

人才培养模式中，通常涵盖：人才培养的目标规格、课程体系与内容设置、教学的方式与方法、教学工作的评价、教学中的管理等不同要素。为了实现已定的人才培养目标，在人才培养中势必会选取和运用一定的方式，究竟哪种人才培养的模式适合农科类复合型人才培养，是高校值得关注的问题。但无论采用何种人才培养模式，均需要在高等院校环境下由特定的人员来组织实施，同时也离不开政府机构的主导，以及社会行业和用人单位的参与。因此，基于人才模式相关理论为依据，建议农科类复合型人才培养的框架为：在政府的主导下，充分发挥农业高等院校的教育主体作用，并且在行业指导、社会协同和企业参与下，在培养目标、课程设置、教学方法、教学评价和教学管理等方面进行合理的规划（如图 1-1 所示）。

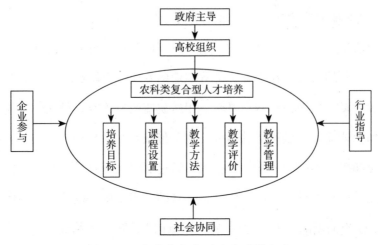

图1-1　农科类复合型人才培养框架

4. 农科类复合型人才培养的优化模式

人才培养优化，是将人才培养过程中不适宜的模式与方法进行改进，以达到各个要素之间的协调和合理化组合，以发挥各要素的最大功效。目前，部分农业高校已在积极实践农科类复合型人才的培养，但不可避免地会出现各种问题。农业高校可参考用人单位的人才需求，制定相应的培养方案，选择合理的教学方法、教学管理模式来培养人才；农业高校所培养的农科类人才，将接受涉农类用人单位的聘用与检验；涉农类用人单位将行业市场发展状况、对聘用人员在工作中的表现、对毕业生的整体评价、人才培养建议等信息反馈给农业高等院校；农业高校再根据用人单位的反馈建议，对目前人才培养目标、培养模式进行调整与优化，以适应社会发展和涉农类用人单位的人才需求，有针对性地培养人才。基于此流程，农业类高校可构建一个可持续性的、循环式的人才培养改革与优化模式（如图1-2所示）。

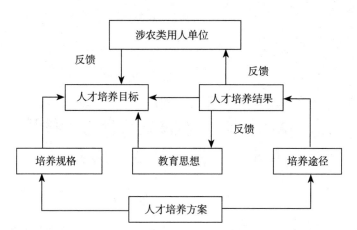

图 1-2　基于用人单位需求的复合型人才培养优化示意图

第二章　我国高等农业教育与农科类
人才培养模式演变的历史

高等农业教育作为我国高等教育的重要组成部分，是农业发展中的重要环节，在执行高等教育方针政策、提高社会服务、人才培养、科学研究、文化传承等方面为社会发展做出了较大贡献，尤其是在解决"三农问题"方面发挥着重要的作用。回顾我国高等农业教育发展和人才培养模式的变化，在于从发展变革中总结历史经验与教训，争取在新的起点上展望未来，更好地开展农科类人才培养工作。

第一节　新中国成立之前我国高等农业教育与
农科类人才培养状况

一、清末至民国时期高等农业教育与农科类人才培养情况

我国专门的农业教育始于1898年，当时的清政府教育管理机构下诏命令各省、州府开办各类实业学堂；同年，湖北农务学堂（今华中农业大学）在湖北武汉正式成立，这是国内最早的中等农科类学校；1905年在北京成立的

京师大学堂农科大学，则是我国农科大学的开端。为了促进国内实业学堂的开办，清政府又颁布了《奏定高等学堂章程》，对高等学堂的学科类型进行了划分，有：文学科、商科、政法科、工科、农科、医科等。其后，又颁布了《奏定大学堂章程》，将农业类教育正式列入实业教育之中，同时将农科大学的门类学科类别划分为农学、农艺化学、林学和兽医学等四门学科。

　　清政府的这些章程及规定，在清末时期对我国高等农业院校的建立发挥了一定的促进作用，当时的京师大学堂农科大学与金陵大学农科是该时期两所具有代表性的学校。京师大学堂农科大学，是从 1910 年开始招生，实行三年学制，包括科目、课程、教材、标本等方面，几乎全部是参考日本的农业类教育的模式，其专业教师也全部来源于日本，为我国培养了最早的一批农科大学毕业生。南京的金陵大学农科，是我国近代农业教育史上四年制大学的开端，学制设置为四年，课程内容设置和教学管理等人才培养模式，完全应用美国高等农业教育的办学方式。

　　清政府所颁布的《奏定高等学堂章程》和《奏定大学堂章程》对促进高等农业学校建立起到了一定的促进作用，根据此章程所建立的一部分农务学堂，与我国现在的农林高校有着一定的历史渊源，这些农务学堂开展的实业技术教育，是我国农业教育的发端。清末时期的农业类实业教育，还并未达到大学本科教育的高度，仅仅相当于大学的专科水平的教育，在实际的教学管理中由于缺乏适宜的师资和教材，导致人才培养质量总体不高；此外，当时农务学堂的学生大多来自城市家庭，或者是"富家子弟"，他们对农业和农情了解不多，求学的主要目的在于谋得"一官半职"，毕业后真正从事农业者较少，对农业种植和生产的改良和推动作用不大。

二、民国时期至新中国成立前高等农业教育与农科类人才培养情况

中华民国成立后，高等教育监管部门对清末时期成立的高等农业学堂进行了整改，将"农业学堂"改组为新时期的"农业专业学校"，此后又改组为"大学"，标志着农业类学校正式成为高等学校。此后，中华民国的教育管理部门对农业类教育制定了一系列的规章制度，例如：规定农业类学校的办学目的之一是培养专门的农业人才；将本科阶段的学习时间，规定为三年；对农业类学校的学科划分进行了确认，涵盖农学、种植学、林学、畜牧兽医学、蚕业学、水产学、土木学等学科。

自 1912 年至 1927 年，各个涉农类学校开始陆续建立起与农业有关的科学研究机构，并将农业技术推广纳入学校教育工作的重要范围之中；也提倡与农村、农业发展进行联系，以便推广农业研究的成果，例如：农业类学校通过举办农村实验区、组建农民合作社、举办短期培训班、农业推广训练班等多种方式，直接为乡村地区的农业发展和农民耕作种植而服务。

从 1927 年到 1937 年全面抗战爆发之前，国内农业高等教育有了较大的发展，开设农科类专业教育的高校数量也在稳步增加，截至 1937 年，开设农科类专业的高校数量已达到 39 所；与此同时，涉农类专业的在校生和毕业生人数也在逐步增加，在 1927 年，农科类专业毕业生有 140 名左右，到 1937 年末，毕业生人数已超过 450 人，增加了两倍之多。14 年抗战期间，全国高等农业教育发展受到了严重影响，大多数高校的农科类人才培养基本处于停滞的状态；从 1946 年开始，一直到 1949 年解放战争结束前夕，全国高等农业教育处于不断恢复的状态，截至中华人民共和国成立前夕，全国开展农科

类人才培养的高校数量已超过 40 所，其中独立的农林高等院校就有 18 所，大多分布在沿海地区，在校农科类专业的本科生、专科生数量超过了 1 万人。

这段时期的农业教育，人才培养目标主要定位在培养与农业发展有关的实用型专业人才，并训练从事农业研究的工作人员。例如：金陵大学农科注重两类人才的培养，设立了研究、教育和推广三部，其研究部以造就高深学术人才为目的，推广部则注重实用人才的训练，专门培养农业实用技术、农业科技推广、农业生产经营、涉农教育等方面的人才；国立中山大学农学院，划分为大学本部和专业部两部分，大学本部以培养研究类型的人才为目标，而专业部则注重实用型专业人才的培养，为乡村农业种植与生产培养应用型的农业技术人才。

针对如何实现民国时期高等农业教育的办学目标和人才培养的目标的情况，在 1923 年，学者邹秉文在其专著《中国农业教育问题》中提到，高校教学、科研、推广三结合在农科类人才培养中较为重要，农业学校的办学目的要以服务于农业生产和发展为目的，并不断地培养和造就农业类人才，充分发挥高校教学、科研、推广三方面相互结合的作用，以解决我国的农业生产和发展中的问题。中华民国时期的高等农业教育处于一个动荡的时期，经历了教育的改革、发展、停滞和动荡等不同阶段，为后续高等农业教育的发展累积了一定基础与经验。

三、新中国成立前高等农业教育与农科类人才培养简评

新中国成立前的高等农业教育中，独立的农科类专业本科院校数量占比不高，综合类大学开设农科类专业和开展农科类人才培养的占到了绝大多数，在办学理念上除了在民国前的一段时间内仍沿袭日本的高等教育模式以外，

大多是受到欧美国家高等教育和人才培养模式的影响。在人才培养目标定位上，农业教育初期主要实施"专才教育"，后期个别高校才开始试验"通才教育"的模式，但总体并未铺开，如早期创立的浙江大学在人才培养模式方面就一直强调通识教育，人才培养的目标不仅是培养医生、工程师、专业技师等专业型人才，也要培养能具备管理、经营和综合素质高的行业内精英领导人才。

高校在课程体系设置中，主要围绕培养高级涉农类专业人才为目标，主要以开设与专业相关的自然科学类课程为主，让学生通过专业学习具备相应的专业知识与技能，以达到充实自然科学类知识基础的目的。以20世纪30年代末金陵大学农学院（后期该校主体并入南京大学）为例，农艺系的专业课程主要有作物栽培、作物育种、土壤管理、作物病虫害防治等，多属于自然科学类，在专业学分方面占到了32分（总学分为48学分）；植物系的主干专业课程，也规定为32学分，课程有植物学、细胞学、生物化学等自然科学类课程。在教学内容方面，也注重一定的广泛性与适应性，要求农科类专业的学生额外学习一定数量的人文社会学类的课程，将部分文、理、法各学科的部分主要课程规定为共同必修的课程，让学生不因为专门学科的研究而忽视其他相关内容的学习。通过适应性课程内容设置，帮助学生养成"远大目标"，提高适应性，避免了在其他专业知识的缺陷。

从办学方面上看，在清末时期，由于列强入侵，国家陷入不得不开放的被动局面，实业教育被社会赋予了富国与产业振兴的重任，农业教育作为实业教育的一种，在此阶段属于被动开放办学的状况。在民国时期，国家和民族处于内忧外患之中，高等农业教育在艰难困境中发展，中华民国时期对国内教育进行了一系列改革，使包括高等农业教育在内的中国高等教育走上了相对规范化的道路，比如：提倡农科类教育要参与农业生产活动，大学农业教育要为社会农业发展服务，要结合中国农业国情来开展农科教育等，这些改革均促进了高等农业教育的发展。虽然中华民国时期的农业教育总体规模不大，但农业教育中的人才培养目标定位在了培养与农业发展有关的实用型专业人才，并提倡高校将教学、科研、推广相互结合以解决农业生产中的问题，并积极服务于农业发展的做法，为后续农业教育发展积累了一定的实践经验。

第二节　新中国成立之初至改革开放前我国高等农业教育与农科类人才培养状况

一、新中国成立至"文革"前高等农业教育发展与农科类本科人才培养状况

新中国成立以后，高等教育进入了全面接管和改造旧的高等学校的时期，我国农业教育也相应地发生了较大变化，涉农类教育的院校数量在逐步增加，在新中国成立的同年年末，独立设置的农业类高校数量达到了十八所，开设农学院或农业科系的综合类大学有三十所左右。为了适应恢复国民经济发展的需要，国家教育管理部门在新中国成立后不久便开始出台政策，完全仿照苏联的教育模式，调整高等农业院校的院系和专业设置，农业教育学制与农科类本科人才培养目标，也几乎完全仿照苏联高等农业教育的模式来进行。

1952 年，国家教育部召开了有关农业高等教育的会议，规定了独立设置

的涉农类教育的院校具有与大学同等的地位，还对高校的农科类人才培养目标进行了阐述，即：通过农业类的教育，培养国营农场所需要的高级农业技术干部、企事业单位的农业科研类人才、政府部门的涉农类技术行政干部、各级农业类学校中从事教学工作的人才。随着国民经济的逐步恢复，农业种植和生产越来越需要涉农类专业的人才，大多数农业高等院校在学习苏联高等教育经验的基础上，对人才培养进行改革，提出培养农艺师、农业技术员、畜牧师、农业机械师等目标。自新中国成立后开始的院系专业调整也已初具成效，截至1953年年底，全国的农业高校一共开设十六个专业，既包含农学、自然环境保护、作物学、土壤农业化学、果树种植等自然学科类专业，也有农业气象、生物工程、农业机械化、农业经济等理工科类专业。

1954年，国家教育部发布了针对农林高校的农学、植物保护、土壤农业化学、作物学、果蔬、蔬菜等所有专业的完整、统一教学计划，并从当年开始正式执行，这标志着农林类高校在农科类人才的培养目标和规格制定、课程内容设置、教学工作安排、学制时间分配等各环节完全纳入国家高等教育体制的统一规定中。此规定的实施，为农科类专业教育更加规范化、突出专业人才培养的目标起到了保障作用。截至1956年，我国高等农业教育在经过多次不同程度的院校调整和专业设置变化之后，已处于相对稳定发展的态势。

在新中国成立至"文革"前的这段时期，国内农业高等教育全面借鉴苏联的教育模式，农业高等院校以培养农科类的专业人才为主要教育目标，人才培养模式以专业教育为主，为社会农业生产培养所需要的各种农业科技专业人员。为了培养专业型人才，国内农林类高校在课程设置和教学内容方面，主要围绕教育部制定的农科类教学计划开展人才培养工作，将那些与专业关联不大的基础类课程、体育类课程、人文社科类课程的教学内容均进行相应地缩减，甚至大部分内容直接在教学计划中取消掉。在人才培养理念上，更加强调教育与生产相结合，甚至出现以生产劳动代替大学农科类教学的现象，致使学生们在专业理论的掌握和技能培养方面存在一定的欠缺，理论学习与生产实践出现"顾此失彼"的现象。

二、"文革"十年对高等农业教育及农科本科人才培养的影响

十年的"文化大革命"对我国高等农业教育的影响较为严重，全国农业高校数量减少了 17 所，此外，全国农业高校的招生数量也呈现大幅度减少的趋势，在校生人数也呈现大幅度下降状态。

在本科农业类人才培养过程中，讲究"开门办学"，侧重于让学生参加生产劳动，增加专业实践课和劳动课的学时数。学生的学科专业理论知识和基础文化学科知识的基础总体偏弱，导致农业教育所培养的人才质量相对不高。

三、"文革"结束后高等农业教育及农科类本科人才培养的影响（1976—1978 年）

1976 年，"文革"结束后，全国高等教育处于招生停滞、科研停顿和教学人员流失的状态，大部分高校由于教学仪器设备和图书资料等财产不完善，教学和科研尚处于中断状态。此时，我国高等农业教育和农科类人才培养工作也处于待整顿状态，全国高等农业院校的数量仅为 38 所，亟待培养一批高质量的农业类专业人才，以满足社会经济发展的迫切需要。

1977 年 9 月，教育部召开了全国高等学校招生工作会议，决定恢复已停止了十多年的全国高等院校招生考试，高考招生对象涵盖了工人农民、上山下乡和回乡知识青年、复员军人、干部和应届高中毕业生等，以统一考试和

择优录取的方式选拔人才上大学，接受高等教育。会议还决定，优先保证重点院校、医学院校、师范院校和农业院校的录取生源，学生毕业后由国家统一分配工作。在此背景下，国内的农业院校开始招生和恢复农业高等教育，并积极致力于专业人才培养，比如，1977年，山东农业大学经山东省教育局批准，农业机械化和农业经济等专业先后开始招生，大力培养专业化人才，并在高考录取时也注意招收表现优秀的农业科技类人员。

1977年恢复高考制度，改变了高等教育中招生停滞和人才培养中断的局面，据统计，在1977年12月，有570万考生走进了考场，再加上1978年夏季的考生，两季考生共有1160多万人。当年高考招生制度改革最直接的成果，就是培养了连续几代国家急需的高素质人才。"77、78级"大学生这一独特的社会群体，成为了中国30多年来社会发展的中坚力量，活跃于社会的各个领域并发挥着越来越重要的作用。

恢复高考招生制度，不仅改变了几代人的命运，对中国而言也有着非同寻常的意义，意味着中国拨乱反正的"先声"最先在教育界拉响，意味着中国改革开放的序幕正式拉开，为我国在新时期及其后的发展和腾飞奠定了良好的基础。历史证明，教育是一个国家民族复兴的希望，直到今天中国共产党仍然把教育作为民族振兴的基石，摆在优先发展的地位。

第三节　改革开放后至今我国高等农业教育与农科类人才培养状况

一、高等农业教育的恢复与发展期（1978—1984）

1970 年至 1978 年的这段时期，是我国的农业高等教育逐渐开始院校恢复、院校调整和教育改革的时期，农业和农村的改革与发展成为社会现代化建设一个重要的突破口，农业领域对涉农类科技人才的需求较为迫切。1978 年，一篇来自《人民教育》杂志的文章提出，若推动农业、农村改革与发展，整顿与发展高等农林教育已刻不容缓，这在当时的高等教育界引起了较大反响，对困境中的高等农业教育发展起到了一定推动作用。此后，党中央联合教育部将农业高等教育提上一定的教育日程，并明确提出，要把办好农业类的高等教育当作重要任务来抓，以发挥农业高等教育推动农业发展的作用，这对高等农业教育的恢复与发展起到了较大促进作用。

随着社会科技的进步，农业经济发展对农业类科技人才的要求、数量和类型均提出了新的要求，培养适应社会农业经济发展所需的农业科技类人才，成为了高等农业院校的主要教育工作。在这段时期内，改革开放前的绝大多数农业高校均得到了恢复，高等农业教育也有了较大的发展，一批新的农林类院校陆续地建立起来，到 1984 年时，全国范围内的农林院校数量已超过六十所（其中包括农牧、农垦、农机、水产等院校）。在对农林院校的管理方面，国家给出了专门的政策规定，将全国农林院校划分为三类进行管理：第一类是面向全国范围内培养涉农类人才的农业高等院校，主要由国家农业部来负责管理，国家先后确定了十八所农业、农林、水产类的高等院校为农业部负责管理的全国重点高校，如华中农业大学、南京农业大学、华南农业大学等大学被归类到农业部主管范围内；第二类农业类高校主要是为某省或某一地区培养涉农类人才，由所在省、市、自治区的教育部门或农业部门来负责管理；第三类是某些地方型的专科层次的农业高等学校，则是由地方政府的教育部门来直接管理。

在人才培养和教育管理方面，一些农业高校在不断地探索与实践，例如：为了解决偏远贫困地区的教育发展水平落后、农业类科技人才匮乏的状况，一部分农业高等院校实施定向招生办法，从学生录取、在校生学业完成、科技培训等方面，均给予一定扶持，缓解了偏远贫困地区人才缺乏的问题。此外，为了更好地为社会主义现代化建设和农业发展服务，国家教育管理部门及时出台教育政策，增设了一些农科类相关专业，覆盖了农业领域（含畜牧业和渔业）的产前、产中、产后等各个方面。

二、高等农业教育的改革发展期（1985—1998）

国家教育委员会在 1985 年组织召开了全国的教育工作会议，明确提出国内的农业高等教育，要适应社会市场经济和农业发展需要，从农业教育规模和涉农类人才培养质量上协调发展，培养社会和农业发展所需的农业人才。1988 年，国家教育委员会连同农业部、林业部结合社会市场经济和农业发展的状况，通过了在农学、农业工程、林业、畜牧兽医等一级学科领域增设农业类专业的决定，目的是推动对学科领域的科学研究和高层次人才培养工作，以适应社会市场经济的发展。此外，国家教委也对涉农类本科专业的目录进行了修订，增设一部分宽口径的农业及相关专业，目的是让学生在掌握农科类专业知识和技能的同时，争取具备宽厚的知识基础。

1990 年，国家教育委员会在总结山西农业大学和西南农业大学面向乡村地区招收和培养年轻科技农民的教育实验基础上，正式出台了允许农业高校招收那些生活在乡村、并有一定农业生产和种植实践经验的高中毕业生，也就是所谓的"实践生"，结合定向委培的教育模式进行，目的是培养年轻职业农民，以推动乡村地区农业科技的推广，进而带动乡村区域农业经济的发展。

1996 年，国家教育委员会联合农业部和林业部召开了全国普通高等农林教育工作经验交流会，指出各级政府部门要更加重视和支持高等农业教育的发展。此后，为了达到为农村和农业生产第一线输送足够应用型技术人才的目的，国家教委与农业部又联合制定了农业类高等院校对口招收农业类职业高中、中专、广播电视学校应届毕业生的规定与政策，目的是培养较多涉农类职业技术人才，以解决社会发展和农业领域对各层次、不同规格人才的需求。

在 1985 年至 1998 年这段时期，高等农业教育处于不断改革和调整阶段，并涉及多个方面，例如：重点学科建设、专业调整、招生制度、高校管理体制等方面，这对高等农业教育的发展起到了一定助推作用，涉农类国家重点学科超过 58 个，国家重点实验室为 3 所，高等农业院校数量达 64 所，其中包括 16 所专科学校、5 所农业职业技术类高等学校，研究生人数近 9 000 名，本专科生人数超过 60.4 万名。

三、高等农业教育的跨越式发展期（1999 年—2011 年）

随着《关于深化教育改革全面推进素质教育的决定》在全国第三次教育工作会议中的发布，各个高校自此开始施行扩招的政策，招生数量每年均保持递增的态势。到 2004 年，全国普通高校全日制招生人数已超过 400 万人，是 1998 年的 4 倍之多，我国高等教育也从此进入了规模化扩张的发展阶段。

这段时期，也是农业高校的调整变化期，在教育部门所制定的"改革、合并、调整、合作"的管理方针指导下，原来由农业部负责管理的南京农业大学、西北农林科技大学、华中农业大学等高校改为由教育部负责管理；沈阳农业大学、西南农业大学等部分农业高校划到教育部与省级共建，由地方负责管理；此外，也有一部分农业类院校与其他非农林类的院校进行了合并，组成为新的综合类高等院校。

针对农林类高等院校的管理和调整完成后，国内农业高等教育领域逐渐形成了独立建制的农林高校与综合类高校分别培养涉农类人才的格局。根据国家教育部的统计数据表明，2005 年开设农科类专业的高校一共有 138 所，高等农业教育规模自 1999 年开始，实现了跨越式的发展；在 2006 年，我国农科类专业（包括林科）的在校生超过 35 万人，比 1999 年增加了 1.5 倍左右，其中攻读博士、硕士在校生数量也相应地比 1999 年有了较大幅度的增加。

伴随着我国高等教育进入大众化的发展时期，不同类型的农业高校在人才培养目标定位方面开始出现分化。例如，浙大的农业生物技术学院提出了培养推动农业现代化与生命科学发展的、高素质创造性人才的目标，学院采用"宽口径、厚基础"的课程设置模式，并围绕"多学科交叉培养、强实践教学、提高社会适应性"的培养方针，将学生按培养目标的分类进行分化式培养，即：部分学生考研究生、继续攻读硕士博士学位，部分到民营企业或外资企业工作，部分学生在政府机构部门工作。再比如，中国农业大学的植物学专业则依据"通才"与"专才"教育相结合的模式，将人才培养目标定位在：学生的专业知识、能力、素质结构能适应社会发展需要，并具备较强的适应能力，能从事与农业生产有关的科技培训、产品推广、专业基础教学等工作。将发展目标定位于都市型的现代农业大学——北京农学院，则以服务于首都经济和都市型农业发展为目标，为实现农村区域城市化、农业现代化、农民知识化提供科技、智力、人才等支持，致力培养德、智、体、美、劳全面发展的应用型人才。

在课程内容设置和教学方式方面，大多农业高校针对传统的人才培养方案进行大幅度的调整与改革，主张改变过于注重理论知识传授的方式，通过加强实践教学以增强对学生创新意识和专业技能的培养；通过建立"基础课程＋选修课程模块"的平台，进一步扩大专业选修课范围，以拓宽农科类专业设置。

四、新时代高等农业教育的持续发展期（2012 年至今）

党的十七大报告中，曾对教育提出了若干要求，比如，要全面贯彻党的教育方针，坚持育人为本、德育为先，实施素质教育，提高教育现代化水平，培养德智体美全面发展的社会主义建设者和接班人等，这为党的十八大关于教育问题的论述奠定了良好基础。2012 年，在党的十八大报告中明确提出，要坚持教育优先发展，全面贯彻党的教育方针，坚持教育为社会主义现代化建设服务、为人民服务，要大力促进教育公平，合理配置教育资源，重点向农村、边远、贫困、民族地区倾斜，报告为切实优化教育发展环境和推动教育领域持续改革发展指明了方向。

2013 年，为深入贯彻党的十八大、十八届三中全会精神，落实《国家中长期教育改革和发展规划纲要（2010—2020 年）》和《中共中央国务院关于加快推进农业科技创新持续增强农产品供给保障能力的若干意见》，国家教育部、农业部、林业局联合出台了《关于推进高等农林教育综合改革的若干意见》，包括高度重视高等农林教育发展，着力办好一批涉农专业，加强创新创业能力培养，提升教师队伍整体水平，大力推进协同创新，深入推进农林院校科技创新，探索建立服务"三农"新模式，强化涉农专业招生和就业政策支持，加大高等农林教育投入，统筹高等农林教育发展等，这为进一步深化高等农林教育综合改革与发展起到了积极作用。

随着我国高等农林教育不断改革与发展，国内高等农业教育和农科类人才培养工作的成绩较为显著，并且在农林院校综合实力、学科水平、人才培养质量、科研能力、社会服务能力、国际化水平等均得到了不同程度的提高。

第一，农业高校综合实力不断提升。2017 年，教育部、财政部、国家发展改革委联合公布了"双一流"高校建设的名单，全国共有 42 所高校为一流大学建设高校，95 所高校为一流学科建设高校，合计 137 所高校的 465 个学科（含 44 个自定学科）为一流建设学科。其中，中国农业大学和西北农林科技大学 2 所高校被确定为一流大学建设高校，南京农业大学、华中农业大学、四川农业大学、东北农业大学、北京林业大学、东北林业大学等农业高校被确定为一流学科建设高校，共有 10 所高校的 25 个学科（含 2 个自定学科）为一流建设学科。另有综合大学的涉农学科进入"双一流"建设学科名单，如浙江大学的生物学、农业工程、园艺学、植物保护、农林经济管理；清华大学的生物学、风景园林学；中国人民大学的农林经济管理，同济大学和上海交通大学的风景园林学；兰州大学的草学等。2018 年，中国农业大学、南京农业大学、华中农业大学、西北农林科技大学四所部属农业高校在国内外排名中依然表现出较大优势，均已进入泰晤士高等教育 (Times Higher Education) 世界大学排名前 1000 名，加上华南农业大学和北京林业大学，共计有六所农业高校进入 U.S. News 世界大学前 1000 名之列。

第二，部分涉农学科步入世界一流行列。根据 2017 年教育部学位与研究生教育发展中心公布的第四轮学科评估结果，全国共有 146 所高校的 710 个学科被获评 A 类，农业高校共有 33 个 A 类学科，占全部 A 类学科的 4.6%。此外，根据 2019 年 ESI 最新公布数据显示，进入 ESI 世界前 1% 的学科领域已超过 5 个的农业高校分别为：中国农业大学（10 个）、南京农业大学（8 个）、华中农业大学（8 个）、西北农林科技大学（6 个）和北京林业大学（6 个），另有东北林业大学、华南农业大学等 19 所农业高校的 36 个学科进入 ESI 世界前 1%。中国农业大学、南京农业大学和华中农业大学的农业科学、植物学与动物学均已进入 ESI 世界前 1‰，西北农林科技大学的农业科学进入 ESI 世界前 1‰，农业高校的部分学科已进入世界一流行列。此外，像综合性大学中的涉农类学科也在快速发展，例如，浙江大学的农业科学、植物与动物学学科进入 ESI 世界前 1‰ 行列，北京大学和中山大学的农业科学均已进入 ESI 世界前 1% 行列。由此也可以看出，随着我国高等农林教育的不断改革与发展，国内高校的涉农类学科也在快速发展，部分涉农学科也在世界占据了一席之地。

第三，人才培养质量不断提高。培养人才是高等院校最重要的职能，我国农业类高校已为国家培养了数以百万计的各级各类人才，其中院士校友 111人、杰出校友 400 余人。2014 年，教育部、农业部、国家林业局批准了第一批卓越农林人才教育培养计划改革试点项目，确定了第一批试点高校99所，改革试点项目140项，其中拔尖创新型农林人才培养模式改革试点项目43项、复合应用型农林人才培养模式改革试点项目70项、实用技能型农林人才培养模式改革试点项目27项，各类项目取得了显著成效。2018年，教育部推出了"六卓越一拔尖"计划的2.0版，拟建设一批"一流本科、一流专业、一流人才"示范引领基地，努力培养一大批具有引领未来发展能力的各类卓越人才，包括卓越农林人才。在2018年的国家级教学成果奖中，农业类高校及部分综合大学在涉农教学成果方面，共获得了国家教学成果一等奖2项、二等奖33项，农业高校的教学质量和人才培养质量得到了不断的提高。

第四，科研能力获得了充分认可。我国高等农业教育在改革中不断优化与发展，涉农类高校在科研领域中也取得了优异成绩，在2018年度国家科学技术奖中，涉农行业共有30多个项目获奖，其中，由中国农业大学和华南农业大学作为主要完成单位完成的两个项目获国家自然科学奖二等奖，由华中农业大学和南京农业大学作为主要完成单位完成的两个项目获国家技术发明奖二等奖，由南京农业大学、中国农业大学和东北农业大学等高校作为主要完成单位完成的15个项目获国家科学技术进步奖二等奖，在菊花种质创新、梨品种选育、病虫害防治、卵菌病害防控等领域取得了一批具有重大影响的成果。2018年5月，为准确评价高校的科研能力，中国知网科学文献计量评价研究中心推出全国高校的高被引论文数量排行榜，按照被引频次降序排列，选取引用频次前10%的文献数量作为高被引论文。在高被引论文数量排名中，有11所农业高校进入前100名序列，其中西北农林科技大学、中国农业大学、南京农业大学排名分别为第23名、27名和29名，均进入了前50名的序列；而在上榜高校的高被引论文数量占比排名中，这三所农业高校的高被引论文数量占比均达到或超过了 20%，南京农业大学的高被引论文数量占比高达 22%，位列高校榜首，这也说明，涉农类高校的科研成果获得了充分的学术关注和高度认可。

第五，社会服务特色进一步彰显。服务于社会发展是高等院校的基本职能之一，作为行业特色型院校，涉农类高校的发展离不开农业行业的支持，而农业行业的发展同样需要涉农类高校的相助。多年来，农业高校充分利用自身的人才、教育、科研等优势，推动农业科技成果推广与转化，参与解决"三农"问题，比如：中国农业大学成立的科技小院，通过技术支撑特色产业发展，带动农业增产、农民增收，促进小农户脱贫，开启了精准扶贫新模式；南京农业大学通过"科技大篷车""双百工程"，送科技下乡，推科教兴农，成就了农技推广新模式；安徽农业大学不断拓展"大别山道路"，提出"一站一盟一中心"的农业推广模式；河北农业大学多年来走出了一条享誉全国的"太行山道路"，助力山区经济发展和山区农民增收，带动了广大农民脱贫致富奔小康。2012 年，中国农业大学、南京农业大学、西北农林科技大学、四川农业大学、华南农业大学等 10 所农业大学获批成立了全国首批"高等学校新农村发展研究院"，对高校开展社会服务工作具有里程碑意义。近年来，农业高校还不断加大与涉农企业的合作力度，加快科技成果产业化步伐，高校农业科技队伍成为服务"三农"的主力军，有力推动了农村的发展和农业企业的技术进步，也带来了良好的经济和社会效益。

第六，全球影响力不断提升。伴随高等教育国际化进程，我国高等农业教育国际化也经历了从无到有、从追求规模扩张到注重质量的内涵式发展，目前涵盖了中外合作办学、来华与出国留学教育、跨国科研合作、国际师资引进等各种形式，比如，中国农业大学通过中外合作办学的方式与美国科罗拉多大学联合开办了国际经济与贸易、传播学中外合作办学本科教育项目，培养了大批涉农类专业人才。截至 2018 年，全国高等农业院校获批设立的本科以上层次的中外合作办学机构 3 个（均为非独立法人），中外合作办学项目已超过 60 个。相比其他类型高校，农业高校来华留学生教育起步较晚，但自十八大以来，从来华留学生数量和规模来看，呈现快速发展趋势，2018 年我国大约有 40 所农业高校招收来华留学生 2 万多人。除此之外，还通过各种公派渠道向国外派遣各类留学人员、引进高层次留学人员回国任教、建立国际合作平台、设立农业特色孔子学院等形式，加强对外交流与合作，比如，南京农大与肯尼亚埃格顿大学合作建设全球第一所农业孔子学院——埃格顿大学孔子学院，秉持农业特色、扎实深耕、持续推进，得到我国国务院领导和肯尼亚国家元首的充分肯定。通过积极扩大开放，深化国际交流与合作，我国高等农业教育的全球影响力在不断提升，涉农类高校开展国际化教育也呈现出不断发展的态势。

新形势下，我国高等农业教育在改革中不断砥砺前行，也取得了一些成绩，但仍存在发展不平衡不充分、政策协同待加强、农村教育机制待健全等问题，像"三农"问题依然是全党工作的重中之重，坚持农业、农村优先发展，实施乡村振兴战略，加快推进农业农村现代化，全面建设小康社会，这就对我国高等农业教育提出了新的更高要求。"教育兴则国家兴，教育强则国家强"，习近平总书记在党的十九大报告中明确指出，"建设教育强国是中华民族伟大复兴的基础程"，指向明确、要求具体，要持续性重视发展教育；同时，在全国教育大会上，习近平总书记进一步提出了"加快推进教育现代化、建设教育强国"的新要求，关于教育强国的论述不但是习近平新时代教育新理念新思想新观点的重要组成部分，而且也是新时代建设教育强国和持续发展高等教育改革的行动指南。也正如党的二十大报告中所强调的，教育、科技、人才是全面建设社会主义现代化国家的基础性、战略性支撑，要坚持教育优先发展、科技自立自强、人才引领驱动，因此，我国高等农业教育仍然任重而道远，涉农类高校仍需要秉承"新农科"建设理念，不断革新和优化农科类人才培养模式，以发挥教育在经济社会发展和维持强国地位中的作用。

五、简评

改革开放后，我国高等农业教育经历了恢复发展、调整改革与跨越式发展的阶段，高等农林类院校经过恢复和调整，也迈入了一个稳定的、规模化发展的时期。在这段时期，随着改革开放的实施与推进，社会市场经济在不断发展，培养社会所需要的各类农业类人才，服务于社会经济、农业和农村的发展，成为高等农业教育的重要任务。农业类高校在培养农科类人才中，主要采用专业教育与通识教育相结合的方式，以培养德、智、体、美、劳全面发展人才；新时代高等教育改革以来随着高等教育的发展与不断变化，部分高校在探索跨专业教育，以培养宽厚基础的综合型、复合型人才。

第四节 高等农业教育发展历程与农科类
人才培养模式演变的启示

一、农科类人才培养模式的演变

自清末专门的农业实业教育创办以来，至今已有一百多年的历史。在过去的一百多年中，高等农业教育经历了多个不同的阶段，在每个阶段，农科类人才的培养模式和目标也有所不同，具体（见表 2-1）。

表 2-1 清末至今不同阶段的农科类人才培养模式演变状况

时期	高等农业教育发展状况	人才培养模式	培养目标
清末至民国时期	萌芽期，起步阶段	实业教育	专业人才
民国至新中国成立前	高等农业教育的动荡期，农业教育体系初步形成	专才教育，专才培养	专业人才
新中国成立至改革开放前	院校调整，变革与转折，恢复重建时期	专才教育为主，尝试综合型教育	专业人才，德智体美全面发展人才
改革开放后至今	稳定、规模化发展时期	通识教育与专业教育结合，宽基础、多方向的复合型人才培养模式，跨专业教育	德智体美全面发展人才，综合型、复合型人才

来源：根据高等农业教育发展与农科类人才培养演变整理

在清末时期，农业教育作为实业教育的一种，属于被动开放办学的状态，即：所谓的"萌芽期"；在民国时期，国家和民族处于内忧外患之中，高等农业教育处于艰难发展的状态，实施实业教育过程中，虽然主张培养与农业发展有关的实用型专业人才，但未能结合农村发展的实际；在民国至新中国成立前，高等农业教育总体处于动荡期，尤其是抗战期间，许多农业院校被迫西迁和关停，但农业教育体系初步形成，学校主要实行专业教育，培养农业类专业人才。

在新中国成立至改革开放前的这段时期，随着社会经济体制的不断完善，农业高等教育主要学习和借鉴苏联高等教育的模式，高等农业教育进入重要的变革与转折期。农业高等教育中，不断进行院系调整，主要实施"专才教育"，以培养社会经济和农业发展需要的专业人才；同时，一部分高校也在尝试综合型教育模式，让学生掌握专业知识的同时，促进德、智、体、美、劳全面发展。

改革开放后，高等农业教育逐渐恢复，不断地平稳发展；在1985—1998年期间，高等农业教育经过改革和调整后，处于快速发展的态势；从1999年开始至今，高等农业教育处于跨越式发展阶段。截至目前，农业类高校普遍实施通识教育与专业教育相结合的模式，一部分高校实践"宽厚基础＋多方向"的复合型人才培养模式，开展跨专业教育，以培养德、智、体、美、劳全面发展的综合型、复合型人才。

二、高等农业教育与农科类人才培养模式演变的启示

高等农业教育在推动农业经济、促进社会发展中发挥着重要的作用，在农业类人才的培养中拥有不可替代的地位，高等农业教育和农科类本科人才的培养模式总体处于不断变革和调整的状态，其中也有一些值得总结和借鉴的历史经验，具体可划分为以下几个方面。

1. 高等农业教育与社会政治经济发展密切相关

新中国成立前，由于社会经济发展水平相对不高，国内农业高等教育的

规模总体偏小，农业教育发展速度总体偏慢，每年的毕业生人数为几百至几千名，农业高等教育的生产力推动作用较为有限。新中国成立至"文化大革命"之前，国内高等农业教育经历过一个快速发展的阶段；在"文革"期间，农业教育的发展较为曲折。改革开放时期，特别是在 1980 年后，国内社会经济呈现蓬勃发展的局面，农业高等教育通过改革与管理调整后，逐渐步入稳定的、规模化发展状态。总体来看，我国农业高等教育的发展，与社会经济发展和政治变化基本保持一定的同步特性，农业高等教育的发展会受到国家社会经济发展和政治变化的影响，农业高等教育的变革发展与国民经济、农业、社会发展密切相关。

2. 人才培养过程中要坚持"产学研三结合"道路

面向"三农"、服务于"三农"是高等农业教育发展的根本，坚持"教学、科研、生产推广三结合"是高等农业院校根本的办学之路，高等农业教育是农业科技创新和涉农类专业知识传授的基地。同时，高等农业教育的多学科环境，有利于开展跨学科教学和科学研究，也有助于针对农业发展中问题的联合攻关，是开展产学研和推动农业发展的"执行者"与"推动者"。社会农业经济的发展需要各类涉农类人才和农业高等教育技术的支持，"三农"问题的解决同样也需要农业高等教育的服务和支撑作用，"产学研相结合"是推动高等农业教育和农业持续性发展的有效途径，也是促进两者之间联系与合作的有效方式，高等农业院校要始终坚持走"教学、科研、生产三结合"的兴农、兴校之路。

3. 不断更新教育观念，注重协调统一全面发展观

教育思想与观念对教育行为的价值取向有决定性作用，也对教育质量的评价、教育发展方向的把握起着重要影响作用，认识和价值判断的不同，行

为取向也会不同，不断更新教育观念，同样对推动高等农业教育的发展起先导作用。培养社会和经济发展所需的农业类人才，提高农科类人才培养质量，始终是高等农业教育的重要任务；21世纪高等教育的发展，不仅表现在数量方面的增长、规模上的扩大，更取决于质量上的提高，若没有质量上的提升，只有数量和规模上的扩张总体意义不大。明确人才培养的目标要求，建立健全教学课程方法和质量评估保障体系，切实保障人才培养的质量，才能更好地保障高等农业教育的产出效益。"规模、结构、质量、效益"统一发展的科学观，是推动高等农业教育全面、健康、可持续发展的重要原则，质量是高等农业教育的"生命线"，要注重协调统一的全面发展观。

4.借鉴外国农业教育改革经验与立足本国实际相结合

从我国高等农业教育一百多年的发展历程来看，高等农业教育和人才培养工作要注重与外界进行广泛的交流与合作，借鉴西方国家的先进教育理念和成功的实践经验，对我国高等农业教育改革和人才培养工作有积极的作用。同时，各个国家的国情不同，农业的发展状况也不同，尤其是在我国现代农业呈现出多元化发展趋势、农业产业结构处于不断调整的阶段、乡村振兴战略亟须推动、"三农问题"待解决的大背景下，我国高等农业教育也应立足于我国的基本国情和农业发展的实际现状，来进行农业教育改革和人才培养工作的优化。对我国的农业高校而言，在借鉴海外高校先进教育理念和实践经验的同时，同样也要以国内基本国情、农业发展状况、农业人才市场变化和社会用人单位的需求为基础，从人才培养目标定位、学科结构、专业结构、教学管理等方面进行不断优化，探索适合我国国情、农情的农科类人才培养模式，培养适合农业和社会发展所需的农科类人才。

本章小结

总体来看，作为我国最早创办的实业学堂之一的农业类高等院校，以及农业教育，在高等教育领域一直占有比较重要的地位；培养涉农类人才，服务于农业和农村发展也一直是高等农业教育的重要历史使命。在不同的历史时期，农科类人才的培养目标具有明显的不同，国家的政治、经济状况与宏观政策导向对农业高等教育具有核心的引导作用，农业科技和农村经济的发展需求与变化对农科类人才的培养模式也有较大的影响，从专业型人才到综合型、复合型的人才，也体现了社会经济和农业发展的需求变化。从农科类人才培养模式的演变来看，人才培养的目标定位应契合社会发展和涉农类人才市场的需求，并具有一定的超前性和引导性，才相对科学和合理；对农业高校而言，人才培养目标和模式应基于农业发展和人才市场的实际需要，应立足于为社会经济发展而服务，基于此有针对性地开展农科类人才的培养工作，方能切实地满足社会发展的实际需要。

第三章 中外研究型高校农科类本科
人才培养比较研究

西欧、美国、澳大利亚等国家的农业高等教育处于相对领先的水平，像加利福尼亚大学、康奈尔大学、瓦格宁根大学、德州农工大学、威斯康星大学、昆士兰大学、爱荷华州立大学等世界知名的农业大学，均来自上述国家和地区。中国与西方国家的农业高等教育存在着一些差异，西方国家在高等农业教育管理和农科类本科人才培养方面有一些特点，例如：美国的研究型高校通过设置跨学科交叉专业，制定文理学科渗透的跨学科课程体系，实施管理主体多元化性质的分权式教育管理模式，以培养高素质的农科类精英人才；英国、荷兰、瑞士、德国等国家的农业高等教育大多实行混合式的管理体制，高校也拥有一定的办学和教育自主权，结合高校资源、学科特点、发展定位等情况培养应用型的"农业工程师"和研究型的农科类高层次人才；澳大利亚的农业高等教育，实行由联邦政府提供财政并参与制定政策、各州政府负责实施教育管理的模式，该国农科类的研究型人才培养，主要由墨尔本大学、昆士兰大学、西澳大学、阿德莱德大学等一些综合型的大学来承担。

为充分了解西方国家在农科类人才培养中的实践经验，以及中西方高校在农科类人才培养中的差异，本章基于高校类型、发展定位、学科专业设置相近的原则，选取了中国农业大学、瓦赫宁根大学、浙江大学、阿德莱德大学等四所院校分别作为比较分析的研究个案，并以人才培养模式理论为基础，从培养目标、课程设置、教学方法、教学评价、教学管理等方面对比分析国内外大学农科类人才培养模式中的差异，总结国外高校在农科类人才培养中的经验，分析国内研究型高校在人才培养中的问题。

第一节　中国农业大学与瓦赫宁根大学农科类本科人才培养比较

一、中国农业大学与瓦赫宁根大学基本概况

1. 中国农业大学基本概况

中国农业大学是一所以农业科学、生命科学、食品科学、农业工程等学科为优势特色的、高层次的研究型大学，该校经过一百多年的发展和积累，目前已拥有特色鲜明和优势互补的生命科学与农业、资源与环境科学、农业机械工程与自动化科学、信息与计算机科学等多个学科群。中国农业大学在农业科学、环境保护、生态学等学科领域具有一定影响力，其本科阶段的农科类专业主要是在农学院、环境与资源学院、植物保护学院、生物学技术院、园艺学院五所学院（见表 3-1）里开设，与农业、农科有关的食品科学与工程专业、葡萄与葡萄酒工程、食品质量与安全和土地资源管理等专业，则在食品科学与营养工程学院、土地科学与技术学院里开设。

表 3–1　中国农业大学农科类专业设置情况

学院	系	本科专业
农学院	作物生态与农作学系、作物生理与栽培学系、作物遗传育种与种子科学系、作物基因组与生物信息学系	农学、种子科学与工程
环境与资源学院	植物营养学系、土壤与水科学系、生态科学与工程系、农业气象系、环境科学与工程系、土地资源管理系	资源环境科学、土地资源管理、生态学、环境工程、环境科学、应用气象学
植物保护学院	植物病理学系、昆虫学系、植物检疫系	植物保护
生物学院	植物科学、动物学与动物生理学系、微生物学与免疫学、生物化学与分子生物学系	生物科学、生物技术
园艺学院	果树系、蔬菜系、观赏园艺与园林系	园艺和园林

来源：根据对中国农业大学本科教育调研资料整理

在本科阶段，中国农业大学所开设的农科类专业有：农学、种子科学与工程、资源环境科学、环境科学、植物保护、生态学、生物技术等；其中，农学、生态学、环境科学等专业在全球 ESI 排名中相对靠前，其他农科类专业则属于国家级或本校的特色专业。通过开设这些农科类专业，中国农业大学为用人单位培养不同专业的人才，也为学生从事相关专业领域的研究或深造奠定基础。

2. 瓦赫宁根大学基本概况

瓦赫宁根大学，位于荷兰，简称"瓦大"（英文为 Wageningen UR），始建于 1876 年，是一所研究生命科学的高等院校，也是该国目前农科类教育实力最强的学府；该校是由荷兰农业自然和食品质量部直接拨款的大学。瓦赫宁根大学在环境科学、生态学、可持续农业发展、自然环境与保护、食品营养与安全等学科方面具有较强的教育和科研实力。

瓦赫宁根大学下设动物学、植物学、农业技术与食品科学、环境学、社会科学等 5 个学科群，也被称为"学部"，这 5 个学部共开设了 19 个学士学位专业，学士学位教育又分为科学（学制 3 年）和高等职业教育（学制 4 年）两大类。每个学部内由若干个学科领域内首席教授领衔并组织管理的研究中心（实验室或研究组），围绕着某学科专业或研究方向开展科学研究和本科教学活动。

瓦赫宁根大学，是世界农业高等院校里排名靠前的大学之一，深受世界留学生的青睐与认可，其办学理念是"发掘自然潜力，帮助改进人类的生活质量（To Explore the Potential of Nature to Improve the Quality of Life）"，并通过不断地科学研究和精英人才的培养，积极发挥农业高校的科研产出作用，为人类生活和社会发展提供健康食品和人居环境保障。

二、农科类本科人才培养模式比较

人才培养模式通常包括培养目标、课程内容设置、教学方法、教学评价管理等因素，下面将从这四方面来分析中国农业大学与瓦赫宁根大学的农科类人才培养差异。

1.培养目标比较

根据中国农业大学所制定的本科教育计划，每一个专业都有较为具体的人才培养目标和规格要求，下面将选取几个有代表性的农科类专业、农科相关专业的本科层次人才培养的目标，分析其相同点，具体（见表3-2）。

表 3-2 中国农业大学部分农科类及相关专业的人才培养目标

专业	所属学院	培养目标
生态学	环境与资源学院	培养德、智、体、美、劳全面发展的，具备生态学、生态经济等专业理论知识与技能，能在规划部门、环保部门、农业部门、科研单位、高校、生态环境有关企业等单位从事生态保护、资源经营管理、生态规划设计、生态农业建设、科研教学、技术推广与开发等工作的复合型科技人才
环境工程	环境与资源学院	培养具备水和废水、固体废物处理与资源化、大气污染控制、农业生态环境污染防治等方面的专业基础理论知识和技能，能够胜任环境污染防治、环境监测、环境影响评估、环境管理、工程设计与规划等方面工作的高层次工程技术人才
食品科学与工程专业	食品科学与营养工程学院	具有宽厚的人文与自然科学基础，系统掌握食品科学、营养学与工程的专业知识和技能，有创新意识与能力，具备高度社会责任感及团队合作能力，能够在食品及相关专业从事科研、技术推广、生产管理、品质控制及教育教学等方面工作的复合型高层次专业人才
土地资源管理	环境与资源学院	把学生培养成既具备现代管理知识理论，又具备土地科学与管理领域专业技术才能，能在农业、国土资源、城建、房地产等相关行业领域从事土地调查、土地利用规划、土地整治、不动产估价、土地管理政策法规研究与实施以及房地产开发管理等方面工作的高层次专业人才
农学	农学院	培养德、智、体、美、劳全面发展，具备人文与自然科学基础、扎实专业知识、实践能力和国际视野，能将现代生物技术、信息技术与传统农业科学相结合，从事现代农业、农业生物技术及相关领域的科研、教学、经营管理、技术推广等工作，成为有创新意识和能力的行业精英人才

来源：根据对中国农业大学本科教育调研资料整理

上述部分农科类及相关专业的人才培养目标，虽然各有不同的内容表述，但总体上来看存在一些共同点，即：通过本科阶段教育，培养具备宽厚基础，并能掌握所学专业及专业相关的理论知识和技能，具备较高综合素质和一定能力的，德、智、体、美、劳全面发展的行业领域高层次人才。

瓦赫宁根大学是荷兰农业领域研究实力最强的高校，其办学宗旨是"一切为了提高人类生活的质量"，该校的土壤、水与大气，动物科学，环境科学，食品科技，国际水土资源管理等涉农类本科专业教育理念和人才培养目标均围绕着如何改进人们生活质量的总体目标而进行，人才培养目标内容表述（见表3-3）。

表 3-3　瓦赫宁根大学部分农科类及相关专业的人才培养目标

专业	人才培养目标
土壤、水与大气（Soil, Water, Atmosphere）	让学生们学习和掌握水文学、气象学和土壤科学等相关知识；利用所学的专业知识，并结合物理、数学、化学和生物学的基本原理，去解决国内外的环境问题；从自然科学的角度来关注和分析气候变化、洪水、干旱和侵蚀等问题，为今后从事水文、土壤科学、气象等行业工作奠定基础
环境科学（Environmental Sciences）	让学生学习如何从自然和社会科学的角度研究污染、气候变化和自然资源枯竭等环境问题，结合自然、社会和科学知识来理解人与环境的相互作用、相互影响的问题；积极探索与创新可持续的、解决全球环境问题的方案
食品科技（Food Technology）	通过食品科技专业的课程学习，让学生们学习有关食品加工与开发相关的技术，掌握并综合运用化学、物理和生物学等专业技术来开发食品；除了掌握食品有关的技术外，还能具备一定的食品安全、食品质量管理等方面的知识与技术，为在国内外食品公司或政府机构从事工艺技术工作打基础。
国际水土资源管理（International Land and Water Management）	让学生学习与土地和水管理有关的，工程、社会经济、自然科学、行政管理等方面的专业知识，让学生成为全面发展、多才多艺的专业人士。通过该专业的学习，能分析世界各地与土地和水资源管理等方面有关的问题，能为洪水灾害、洪水侵蚀、干旱、水资源短缺以及土壤问题提供解决方案，为将来从事国际水土资源管理工作打好基础。

来源：根据瓦赫宁根大学教育信息整理

通过上表中的瓦赫宁根大学部分农科类专业的人才培养目标可以看出，该校的本科层次人才培养目标总体上是：通过学校本科教育，让学生掌握农业类相关的专业知识与实践技能，让学生们成为德、智、体全面发展的人才；通过跨专业教育和学科间的交叉学习，让学生具备宽厚的知识基础，能掌握专业相近或其他专业的知识技能，为将来拓宽就业，胜任不同岗位工作做准备，体现了要培养综合型、复合型人才的特点。此外，瓦赫宁根大学也注重学生们国际化视野的培养，从该校办学理念中的"为人类提供健康的食品和健康的人居环境"即可看出，让学生通过教育成为行业领域内具有国际化视野的精英人才。

通过对比中国农业大学与瓦赫宁根大学的本科人才培养目标来看，两所学校存在一些共同点，即：通过本科阶段教育，让学生掌握与农科类相关的专业类知识和专业技能，重视对学生综合素质的培养，通过实践教育培养和提高各种能力，让学生成为德、智、体、美、劳全面发展的人才；通过跨专业教育和学科间的交叉学习，让学生具备宽厚的知识基础，能掌握专业相近或其他专业的知识技能，为将来从事不同岗位的工作做好准备，体现了要培养农业类的综合型人才的特点。此外，两所学校在农科类本科人才培养目标也存在一些差异，中国农业大学通过通识教育和专业教育相结合，不仅为培养研究型人才做准备，也为培养应用型人才奠定基础；瓦赫宁根大学注重农科类专业的研究型人才的培养，侧重于对创造性思维和创造能力的培养，也注重学生国际化视野的培养，力争让学生成为行业领域专业的、具有国际化视野的高级精英人才。

2. 课程设置比较

依据中国农业大学本科教育规定，学生们入校时不划分具体的专业，前期经过通识教育和基础平台学习后，让学生根据个体的兴趣、意愿、就业发展方向等因素学习不同模块化的专业课程。因此，该校的本科人才培养课程设置主要由通识课程与学科专业课程两大部分组成；其中，通识教育类课程涵盖公共基础类课程与公共选修类课程，学科专业课程则包括学科基础课程和专业课程。为了让学生具备宽厚的知识基础，并培养和提高综合素质，学校设置了丰富的通识教育类课程。其中的公共基础类课程，主要包括思想政治理论课、外语、计算机、体育等课程，这类课程大多为必修课，占到了所规定通识课程的85%左右，要求所有本科生在低年级就要完成；公共选修类课程设置了较为丰富的学习课程内容，涵盖了哲学类、人文社会学类、农村发展类、艺术类、语言类、方法技术类等课程，要求学生按规定选修（见表3-4）。

表 3-4　中国农业大学本科阶段通识教育课程

课程	课程涉及内容	类别
思想政治理论课	马克思主义基本原理、中国近现代史纲要、毛泽东思想、邓小平理论、思想道德修养类课程、法律基础等	必修
大学外语	英语、日语、俄语	必修
计算机	计算机基础、C语言程序设计、Java程序设计、VB程序设计、Delphi程序设计、EXCEL与数据分析等	必修或选修
体育	体育类课程、专项体育课、体疗课	选修
人文社科、文学艺术类课程	现代农业、写作与表达、文学与艺术、哲学思维与科学研究方法、创新创业、人文社科等方面课程	选修

来源：根据对中国农业大学本科教育调研资料整理

　　学科专业课程在课程构建中占主体地位，是本科生在四年中的学习重点。学科专业课程划分为专业基础类课程、专业必修类课、专业方向类选修课程，专业类课程按模块的形式来设置，供学生们选择研修。学科基础课程涵盖了数学类、物理类、化学类、生物类等课程，学生通过学科基础课程的学习，为后续专业课程的学习打好基础，下表是涉农类专业通常开设的专业基础类课程（见表 3-5）。

表 3-5　中国农业大学本科阶段专业基础教育类课程

课程	课程涉及内容	类别
数学类课程	高等数学、概率论与数理统计、线性代数等	必修
物理类课程	大学物理、理论力学等	必修
化学类课程	普通化学、分析化学、有机化学、无机化学等	必修
生物类课程	植物生物学、植物生理学等	必修
经济管理基础课程	管理学、经济学、西方经济学等	必修

来源：根据对中国农业大学本科教育调研资料整理

　　专业必修课、专业选修方向课程，通常要求学生在第三、第四学年中学习；学生学习专业课程期间，还要外出参加社会实习和课外实践，以锻炼专业实践能力，提高专业知识的应用能力。此外，各院系也会不定期地举办涉农类的教授论坛、专家讲坛、学术报告等讲座活动，来丰富专业课程的学习，以拓展学生们的专业知识面。中国农业大学的本科课程内容设置较为丰富，涵盖通识类、专业基础类和专业类等不同类型的课程，在此基础上，又分为选修课程和必修课程，目的是让学生具备宽厚的知识基础，而并非局限于某一学科专业领域的学习。

瓦赫宁根大学的本科课程涵盖通识类、专业基础类和专业类课程，在此基础上，又设置了必选类课程和选修类课程，以供学生们学习。该校每一个专业的本科培养计划通常开设 29 门课程，其中必修课程有 20 门，其他为4 门必选课和 5 门选修课，还额外设置一个"工作设计"任务课，以培养学生实践能力。"工作设计"任务课，通常是给学生一个行业领域内的实际问题，由 4 名至 7 名学生组成一个小组，由教师给予学习指导，完成讨论和汇报答辩后才能获得学习成绩。此外，本科学习课程还包括专业相关的设计和实验环节，以锻炼专业技能。瓦赫宁根大学围绕专业教学计划，注重课程安排的系统性和层次性，按照难易程度安排课程，让学生们循序渐进地学习课程。例如，国际水土资源管理（International Land and Water Management）专业中，其中一门课程是《农业经济分析模型》，要以统计学和计量经济学的原理为基础，学校会在第一学期安排学生学习《统计学》，在第二、第三学期来安排学习《计量经济学》的课程，在第四、第五学期才开始安排《农业经济分析模型》的学习。此外，为了让学生们能具备课程学习所需的计算机应用技能和英语听说读写基本技能，学校还专门在周末、晚上和寒暑假期来安排计算机应用课、英语课，对学生们进行强化培训，为今后课程学习奠定基础。除去培养计划中所列的课程外，还有一些课程是根据实际情况和需要临时设置的，这类课程由相关教师通过邮件发给学生们。

中国农业大学与瓦赫宁根大学的本科课程内容设置均较为丰富，涵盖通识类、专业基础类和专业类等不同类型的课程，在此基础上，又分为选修课程和必修课程，以供学生们学习。与中国农业大学相比，瓦赫宁根大学的课程设置也有其独特之处：其一，课程内容设置与实际生活联系较为紧密，比如，花卉园艺相关专业的部分课程的教学地点直接设在花卉温室里，师生们在温室的空地上摆上几张桌子就开始上课，花卉的种类科属、生长状况、环境特点等信息直接成为授课的内容；其二，专业课程安排注重系统性和层次性原则，结合学生的知识基础状况，按照难易程度来安排课程，让学生们循序渐进地学习课程；其三，课程教学内容与行业领域工作实际应用相结合，比如，课程设置中的"工作设计"任务，让学生针对行业领域内的实际问题，进行分析和探究，这对学生实际工作锻炼和专业技能提高有较大帮助。

3. 教学方式方法比较

在教学方面，中国农业大学实行大班理论授课、小班研讨交流及案例分析的方式，向学生传授知识，完成素质培养和教学任务。近年来，中国农业大学积极实践小班授课模式，采用相对灵活的开课和选课政策，让学生有一定的选课自主权，以便学习更多的课程知识。由于教室资源有限，允许教师在自己的办公室上课；同时也灵活地调整教学课时数，以完成小班授课。此外，中国农业大学也大力倡导教师们在授课过程中探讨和使用各种教学方法，比如：探索以学习为中心的教学方式，实践采用互动式教学、混合式教学、讨论式教学，以此来促进本科层次的教学，目的是实现由"教师的教"为主，向"学生的学"为主的教学模式转变。

瓦赫宁根大学通常实施开放式的教学方式，农科类专业的本科生可根据兴趣选修不同年级的课程，同时也可以选择研究生学习阶段的课程；该校的课程学习几乎都是本科生与研究生共同参加，课程考核的内容相同，只不过对本科生的评分要求会稍低一些。此外，教师在培养人才过程中，会综合利用多种教学方法，例如：启发式教学法、讨论法、分组教学法等，以激发学生参与课堂教学互动的积极性，切实提高教学效率，培养学生的创新意识，锻炼学生的实际动手操作能力。瓦赫宁根大学实行严谨的授课管理制度和周到的课程通知安排，具体说，该校各专业课程在讲授前，负责教师会事先给出详细的通知与提示，介绍该门课程开设的背景、目标要求、学时、学分、必要性及意义等内容，同时也会提前告知学生有关的课程信息：课前学习准备、课程讲授内容、授课进度安排、学习方法及考试形式、主考人和授课人情况等。为提高授课质量，每门课程通常由几位教师共同承担，他们可以来自不同的院系或专业，彼此之间分工协作，为学生提供大量的知识信息，并指导学生理解课程内容；例如，环境科学（Environmental Sciences）专业教育中开设了一门《农业生态系统的数量分析》的课程，负责这门课程教学的教师多达五名，他们分别来自该校的动物学系、农学系、发展经济系等，负责讲授农业生态系统中与各自专业相关的课程内容部分。

与中国农业大学相比，瓦赫宁根大学的教学方式主要有几个方面特点：其一，本科学生可以结合兴趣和爱好选修研究生学习阶段的课程，可以与研究生一起上课并参与实验，为将来从事科研工作打好基础；其二，本科阶段课程教学，通常由几位教师共同承担，教师们可以来自同一个专业或相近的专业，也可以来自不同的专业和院系，体现了跨学科、开放式教学的特点，能让学生接触更多与专业相关的知识，有利于拓宽知识面，增加专业知识学习的深度；其三，注重探究式教学方法，瓦赫宁根大学几乎每门课程的教学都会用到探究式教学，甚至是多次反复使用，让学生们以个体或小组的形式深入探究与专业领域内相关的实际问题，发现和分析问题的同时并积极寻求解决的办法，以此来锻炼个体的专业实践技能和解决问题的能力。

4. 教学评价管理比较

依据中国农业大学的学制规定，本科阶段一般实行四年制的学习。为了能让学生具备较为宽广的知识面和较强社会适应能力，该校也实行主辅修专业制度和双学位教育制度，目前设置的专业有：工商管理（生物技术企业经营管理）、市场营销、金融学、电子商务、法学、计算机科学与技术、数学与应用数学、应用化学等。学校注重个性化的人才培养，在人才培养中实行"自由转专业"政策，允许学生们从入学后的第二学期起，结合个人的兴趣与喜好申请转入专业学习的班级，学生还可以在规定范围内多次申请转专业；此外，学生在申请转专业时，并没有成绩和分数方面的限制，完全从个体的兴趣和爱好出发，以便学习个体最擅长和感兴趣的专业。

在教学评价方面，学校采用较多的是形成性评价和课程终结评价。在学生们课程学习的过程中，多采用形成性评价，考核平时的课堂学习表现与成绩，并且记录在最终的课程成绩之内；终结性评价一般在课程结束或在学期临近结束时进行，通常采用课程汇报、课程论文、学期课程考试等方式进行课程学习的总体考核。此外，通过对环境与资源学院、食品科学与营养工程学院、土地科学与技术学院、农学院等五所涉农类学院近三年的毕业本科生的就业率调研发现，中国农业大学的总体教学成果显著，本科毕业生就业率均超过了90%，大部分本科毕业生选择继续在国内外高校继续攻读硕士或博士研究生。

中国农业大学比较重视对学生思想品德的教育，目的是促进学生身心的和谐发展，以促进个体的全面成长进步；为了更好地促进教学，中国农业大学的大部分科研型的专业实验室在逐渐对本科生开放，并鼓励本科学生参与科研项目，为将来攻读研究生做准备。此外，中国农业大学也注重教育国际化交流，已与美国、德国、荷兰等国的大学和研究单位建立了友好合作关系，开展农科类科研学术交流，以丰富和拓展师生们的国际视野；学校也与美国康奈尔大学、科罗拉多州立大学、普渡大学、英国利兹大学等国外名校进行国际交流与合作，共同培养人才。

瓦赫宁根大学的教学管理中设置了教学董事会和教务部，以提高教学管理的效率。教学董事会通常由四位教授和四名学生组成，负责学校教学管理和服务工作；学校针对每个专业，让授课教师和学生共同组成教学委员会，负责对教学方案进行优化、监督教学活动、接纳学生的反馈意见以便及时改进教学质量、反馈教学管理建议给董事会等。教务部主要负责教学政策制定、学籍管理、学位管理、校内外公共关系维护等职责。学校也采取教授治学的管理模式，围绕某个学科专业，让教授们组织科学研究和日常教学工作，以便灵活地进行人才培养工作。瓦赫宁根大学注重国际化教育，从办学目标、课程设置、教学管理到师资队伍建设，均体现了国际化理念，例如，为了保障国际化教学，面向世界不拘一格地招聘教师，打造国际化师资队伍。瓦赫宁根大学注重与政府、企业之间的合作，充分发挥高校的科研角色作用，为涉农类企业发展与政府政策调整给予方向性建议。此外，学校加强产学研深度合作，在地方政府和社会产业界的支持下，专门成立了"食品硅谷"，帮助社会用人单位解决技术和经营管理的问题，将科研成果快速地、大规模地在企业里转化。

在教学评价方面，瓦赫宁根大学实施完备的教育质量评估与监督体系，评估内容包括对课程的评价、对人才培养方案评价。其一，让学生对课程教学进行评价，实行一门课程每两年评估一次的政策，向学生发放事先准备好的调查问卷，问卷内容涵盖：课程设计是否清晰，教学方法是否契合教学的目标、课程内容和课程设计的要求等，也包括授课教师的品德修养，学生学习后的实际收获等。要求学生们对每一项问题要给出客观、公正的评价，并将调查结果反馈给相关的任课教师、管理负责人员和教学委员会，对反馈的有关问题进行筛选讨论与解决。其二，针对人才培养方案，学校面向在校学生、应届毕业生、已毕业工作的校友、校友工作单位的负责人等进行问卷调查，以获取关于人才培养目标、课程学习内容、教学方式、教学管理等方面的反馈意见，以便及时地了解和改进学校在人才培养中存在的问题，从而更好地培养社会需要的人才。其三，学校为了提高学生培养质量，建立了专门的教育质量监督机构，成立由多个教育专家组成的委员会，这些专家都具有丰富的教学和教育管理经验，职责是负责学校的教学计划调整、质量监控、教师培训、教育管理优化等工作。

对比中国农业大学与瓦赫宁根大学的教学评价与教育管理，两所高校各有特点，具体表现在以下三个方面。

其一，教学评价主体有差别。两所学校的教学评价均涵盖了对教学课程、教师教学、学生学习收获、毕业生质量等方面的评估，学生们也都参与教学评价的工作；两所学校的区别在于，瓦赫宁根大学比较重视来自毕业学生、社会用人单位、其他社会组织的关于人才培养的评价与反馈意见，针对反馈的问题与建议及时地进行改进与调整，并将社会第三方组织的反馈意见当作人才培养方案改进的参考标准。

其二，重视教育国际化发展和国际化人才培养。两所学校都与世界的著名大学和科研单位进行较多的交流与合作，包括师资流动、学者互访、留学生留学、联合培养人才等，这也是目前高等院校提高国际化教育水平的主要途径。除此之外，瓦赫宁根大学不拘一格地、面向全球范围内招聘专业领域内知名教师，以打造国际化师资队伍的做法，更能体现出该校重视国际化教育的特点。

其三，产学研发展水平有差异。虽然中国农业大学也注重"产学研"发展以及注重与政府机构和社会企业的合作，但与瓦赫宁根大学的"科研产出"相比，无论从广度还是效度，目前还存在一定差距。例如，为了能将学校研究成果更好地在企业里转化，瓦赫宁根大学在2004年，专门成立了食品类专业领域的"食品硅谷"，并依托该"食品硅谷"科研转化平台，充分发挥学校的应用科学专业技术、跨学科和交叉学科的教育资源优势，不断创新和转化较多的科研成果，为该国农业经济、涉农类企业经营和学校自身发展等方面助益较大，甚至帮助很多其他国家的企业解决了较多发展中的技术难题和管理问题。目前已有140多家全球范围内的食品关联企业是该"食品硅谷"的成员，其中就包括欧洲、日本、印度等一些国家的大型食品企业。

三、瓦赫宁根大学的人才培养特点

1.肯定本科教育基础地位并注重跨学科教育

经过长期的教育实践经验总结后，瓦赫宁根大学对本科教育的基础作用给予了较高的肯定，并实行通才教育，尽可能地让学生掌握不同学科专业和不同类型的知识，以便让学生能形成较为宽广的知识基础。无论是科学研究，还是社会直接就业，往往会用到不同学科和专业的知识，瓦赫宁根大学在本科层次的教育中，主张打破学科专业的隔阂，建立跨学科教育机制，采取跨学科专业的开放式教学模式，让学士学位阶段的学生可以按个人的兴趣、爱好、就业规划，来学习不同专业的课程。此外，学校也实行文理学科渗透、学科交叉的课程设置模式，开设了较多综合性、交叉性的课程让学生们学习，以拓宽学生的知识面，为提高社会适应性做准备。

2.设立完备的教育管理互动机制

瓦赫宁根大学教学管理中具有完备的互动机制，无论是教学董事会、教务部、各专业的委员会，还是课程教学、毕业设计等环节都设立了相应的组织管理机构，这些管理机构均让授课教师和学生互动参与，以及时地解决教学中出现的问题，此举有利于充分发挥师生们参与教学管理的主动性，也有利于人才培养工作的顺利进行。与瓦赫宁根大学相比，我国农业高校教学管理中，教学管理者、授课教师与学生之间在信息交流、教育决策、教学管理等方面的互动性不强，特别是学生们参与学校教育管理决策的机会并不多见，缺乏学生对课程学习、教学方式、人才培养管理的问题反馈，这不利于高校教育管理水平的提高。由此看出，瓦赫宁根大学在教学管理中所采用的互动机制，更能方便地改进和优化教学管理，此种互动机制的管理做法值得借鉴。

3.注重师资队伍国际化建设

随着目前教育国际化的不断发展，世界各国的高校也将顺应高等教育的国际化趋势，与世界其他国家的教育机构进行教育交流与合作。教师是高校国际化发展的重要保障，师资力量的国际化视野、国际化背景、国际化教学水平、科研活动能力等决定了高校能否实现世界一流大学的目标。瓦赫宁根大学历来注重师资队伍的国际化建设，面向全球教育机构来招聘国际化教师，以丰富本校的国际化师资力量，该校的做法值得去借鉴，我国农业高校要坚持"引进来"与"自我培养"相结合的原则，以丰富国际化师资队伍建设。

4.增强与社会企业联系并增进产学研合作

瓦赫宁根大学注重与社会企业的之间联系与合作，让涉农类企业参与到人才培养和课程教学中；比如，让企业将发展中遇到的产品研发问题、各种技术问题、经营管理问题、行业前沿问题等带到高校里来共同研究，以便帮助企业解决各种问题；高校也会将涉农类企业的用人标准及要求，与学士学位的人才培养目标进行结合，以培养适应社会人才市场所需的各类人才。此外，瓦赫宁根大学的产学研合作水平相对较高，依托建立的"食品硅谷"将高校所研究的各种科研成果，在农业行业和市场中得到尽可能多的转化。瓦赫宁根大学加强和社会企业之间联系与合作的做法，值得我国农业高校借鉴，加强与涉农类企业的联系有一定必要性，以便将科研成果在涉农行业领域里得到转化，增进产学研的合作。

第二节 浙江大学与阿德莱德大学农科类本科人才培养比较

一、浙江大学与阿德莱德大学基本概况

1.浙江大学农业生命环境学部概况

浙江大学创建于1897年，是一所特色鲜明的综合型、研究型高校，其农科类相关专业，主要在农业生命环境学部各院系里设置。浙大的农业生命环境学部设有五所学院，即：农业与生物技术学院、生命科学学院、生物系统工程和食品科学学院、环境与资源学院、动物科学学院。

浙江大学的农业生命环境学部共有一级学科十二个，其中农业资源与环境、园艺学和植物保护学为国家重点学科；二级学科超过四十个，其中的植物学、生态学、农业机械化工程、环境工程、作物遗传育种、生物物理学、特种经济动物饲养等学科为国家级重点学科；针对本科阶段的农科类人才的培养，浙江大学主要设置了农学、园艺、生物科学、环境科学、环境工程、动物科学等涉农类专业，以供在校生学习，各学院系和本科专业的设置情况（见表3-6）。

表3-6　浙江大学农业生命环境学部各学院本科专业设置情况

学院	院系	本科专业
环境与资源学院	环境工程系、资源科学系、环境科学系	环境科学、环境工程、农业资源与环境、资源环境科学
动物科学学院	动物科技系、特种经济动物科学系、动物医学系	动物科学（动物科技、蚕蜂技术、水产科学等方向）、动物医学
农业与生物技术学院	应用生物科学系、园艺系、农学系、茶学系、植物保护系	农学专业、园艺、植物保护、茶学、应用生物科学、园林
生命科学学院	生物科学系、生物技术系和生物信息系	生物科学、生物技术和生物信息学
生物系统工程与食品科学学院	生物系统工程系、食品科学与营养系	生物系统工程、食品科学与工程

来源：根据浙大农业生命环境学部资料整理

2. 阿德莱德大学基本概况

阿德莱德大学（英文：The University of Adelaide），简称"阿大"，是澳大利亚的一所综合型大学，在澳大利亚国内被评为"常春藤名校联盟的八大名校"之一。自建校以来，一直以其卓越的教学、学术和研究享有盛誉，目前有在校学生超过两万名，从科学研究和创新教育方面看，学校在食品科学、生物科学、环境科学和社会科学、物理科学、工程、信息技术、酿酒等专业领域具有显著的教育优势，农学、生物科学、计算机与数学工程、葡萄酒酿造等专业也是该校的特色学科专业。

　　阿德莱德大学是南澳地区唯一能提供农业类专业课程的高等院校，也是南半球最大的旱地农业、谷物种植、葡萄酒酿造的研究中心，尤其是在小麦和大麦品种的培育种植方面颇具技术实力，阿德莱德大学为南澳大利亚地区的农业发展提供了较大的技术和科研支持。此外，阿德莱德大学的葡萄酒酿造中心，承担了澳大利亚国内大部分的葡萄酒研究工作，该校的葡萄酒营销、葡萄栽培技巧、葡萄酒酿造等专业的本科教育也具有一定特色，培养了一大批葡萄酒行业的科研类、专业技术类、经营管理类、葡萄酒销售类的人才。

二、农科类本科人才培养模式比较

1. 人才培养目标比较

　　浙江大学农业生命环境学部的农业与生物技术学院、生命科学学院、环境与资源学院等五所学院均依托自身院系的专业特色优势，针对本科层次的人才培养提出了各自的目标，下面是部分涉农类专业的人才培养目标内容概括（见表3-7）。

表 3-7　浙江大学部分涉农类专业的人才培养目标

专业	所属学院	人才培养目标
农学	农业与生物技术学院	培养能掌握农业与生物技术有关的专业知识与技能，并能熟悉农作物遗传与育种、农业生产与种植技术、农产品生产与研发技术等方面的人才；此外，也要求该类人才要具备熟练的实验技能和良好的社会责任感以便能在涉农类行业领域从事产业规划、技术推广、产品经营和管理、科学研究、教学等方面的工作
生物技术	生命科学学院	旨在培养德、智、体、美、劳全面发展的、具有较高科学素养的人才，能具备扎实的生物技术专业相关的知识与熟练的专业技能，能在工业、农业、医学、环境科学等行业领域从事与生物技术有关的技术推广、管理、科研、教育等方面工作的高级人才
环境科学	环境与资源学院	培养具有扎实的环境科学相关的学科专业知识，能精通环境科学有关的知识，做到广博精深；具有宽广的知识视野，较强的社会责任感和自主学习能力，善于跨学科学习，有创新意识，能在环保类事业单位、研究机构相关行业的企业从事环境保护、发展与改革、监测、认证、咨询机构、教育等相关工作的综合型人才
食品科学与工程	生物系统工程与食品科学学院	培养具备食品科学与工程专业知识与技能，具备一定人文社科知识，具有国际化视野与现代意识，具备一定组织管理能力、跨专业学习能力、现代化食品开发和生产管理能力的食品领域高端人才；在政府部门、事业单位、大中型企业和科研机构，从事食品及相关发酵工程、生物化工等领域的教学、科研、生产、贸易、卫生防疫、技术监督等方面的技术管理工作

来源：根据浙大农业生命环境学部资料整理

通过上表可以看出，虽然各个学院在人才培养目标内容上有不同的表述，但总体上看是由两部分组成：其一，在人才培养中，让学生们掌握扎实的专业知识，成为拥有一技之长的专业人才；其二，主张通过人才培养工作，以培养和提高学生们的专业技能、学习能力、创新思维意识、社会适应能力等，同时也注意培养和提高学生们的综合素质，让他们拥有良好的身体素质和道德品格。

阿德莱德大学注重"以学生为本位"的原则，致力于培养具有探究能力和创新精神的优秀人才，希望学生们通过在校教育，成为行业领域里的国际型精英人才。阿德莱德大学涉农类学士学位的专业主要有农学、林业科学、生物技术、葡萄栽培与酿酒、食品科学与技术等，下面是部分涉农类专业的人才培养目标概况（见表3-8）。

表3-8　阿德莱德大学部分涉农类专业的人才培养目标

专业	人才培养目标
农业科学学士（Bachelor of Agricultural Science）	掌握深厚农业科学类专业理论知识和专业技能，培养和提高敏捷的思维意识以及创新意识，提高学生的综合素质和实际解决问题的能力。在农业及相关领域从事农业顾问、科研、种植技术指导、农业工程师、教学、信息（顾问服务）、商业经营、媒体记者等工作
生物技术学士（Bachelor of Science）	通过专业学习，让学生掌握生物技术专业和相关专业的知识、原理和技能，提高学生综合素质、创新能力、实际解决问题能力、社会适应能力；致力于推动人类生活质量创新与发展，能胜任生物科学领域的研究、技术、教学等工作，或者从事生物技术行业的经营、管理、咨询和指导等方面工作
葡萄栽培与酿酒学士（Bachelor of Viticulture and Oenology）	通过专业学习，让学生具有深厚的学科知识、批判性思维与问题解决、团队合作和沟通技巧、事业领导力、跨文化和道德能力。让学生能成为一名合格的葡萄栽培专家和酿酒师，可以从事葡萄栽培管理、葡萄酒酿造和酿酒厂管理、食品和饮料技术、酒店餐饮管理、葡萄园管理、种植技术指导、酿酒师、酿酒工程师等工作
食品科学与技术学士（Bachelor of Food Science and Technology）	让学生具备扎实的专业知识和精湛的专业技术，具有较高道德文化素养，创新意识和能力强，能解决实际问题的精英人才。学生毕业后能在食品和饮品加工行业从事食品开发、食品安全和立法、加工处理、食品市场营销、食品经营等方面的工作

来源：根据阿德莱德大学本科教育资料整理

阿德莱德大学涉农类相关专业的人才培养目标，让学生通过专业学习，提高解决专业领域的相关实际问题；让学生掌握更宽泛、渊博的专业知识，能够胜任专业相关领域或其他不同领域的工作。例如，葡萄栽培与酿酒专业通过本科教育，让学生能成为行业领域的科研精英人才，胜任葡萄种植技术和管理、普通酿酒等工作，还能胜任食品加工、饮料技术、食品经营等方面的工作；例如，生物技术类专业，培养具有国际化视野的、高层次的生物领域研究型人才，让学生成为致力于推动人类生活质量提高、生物技术创新发展的行业精英人才。

对比浙江大学农业生命环境学部与阿德莱德大学的涉农类相关专业的人才培养目标，两所学校存在一些相似之处，均要求学生通过本科专业的学习，掌握专业基础理论知识和专业技能，注重学生综合素质的培养，以及创新意识和各种能力的培养与提高。相比浙江大学，阿德莱德大学涉农类专业的人才培养目标也有其特点，即：让学生通过专业学习，提高解决专业相关领域的实际问题的能力；掌握更宽泛、渊博的专业知识，能胜任专业领域和行业相关的不同类型工作，例如，葡萄栽培与酿酒专业的学生，不仅能从事葡萄种植技术和管理、普通酿酒等工作，还能胜任食品加工、饮料技术、食品经营等方面的工作；人才培养目标的视野和格局层次相对较高，力求培养行业领域的科研精英人才，例如，生物技术类专业致力于培养生物科学类的高层次研究型人才，以推动生物技术创新、改进人类生活质量为职业发展的目标。

2. 课程设置比较

浙江大学实行前期"通识教育""大类培养"和后期"宽口径的专业教育"的政策，本科阶段农科类人才培养的课程设置通常分为三大类，即：通识教育类课程、学科大类平台课程、专业类课程。通识教育类课程主要有：外语类课程、思想政治类课程、体育类课程、计算机操作课程、文史类（选修）、沟通与领导类（选修）、经济与社会类（选修）、科学与研究类（选修）、技术与设计类（选修）等，目的是让学生能具备良好的人文社会科学基础，为形成宽广的知识面和培养多种思维方式打基础。大类平台课程则包含工程技术、自然科学、人文社科、艺术设计四个大类课程模块，学生在完成通识课程、大类平台课程的学习后，方可进入专业课程学习。

农科类专业教育是浙江大学的一部分，其本科层次的课程内容设置也有一些特色。在农科类本科教育中，按模块整合专业课程内容，在必修课程中结合专业相关的不同学科课程资源，设置多个不同的专业学习方向；该校也适当增大选修课程学习的课时数比例，以培养具备宽厚基础知识的人才。总体看，该校前期通过通识教育课程与大类平台课程的学习，打好宽厚的基础，后期通过专业课程及交叉学科、跨学科专业课程的学习，培养知识、能力、素质俱佳的农科类领域的高水平人才。

阿德莱德大学本科阶段的学习通常为四年，学生们在第一学年学习化学、生物、数学、物理等基础类课程，在第二、第三学年学习不同方向的专业类课程，第四学年主要是实习安排，学生们从事与专业相关的实际工作，提前适应社会行业领域的工作。例如，农业科学专业本科阶段课程设置，是以现代农业为基础，让学生学习和掌握如何利用科学技术改进农业种植生产；学生们在大一时学习化学、生物、数据学和土壤学等基础类课程，在大二和大三的课程学习中，给予学生较多的机会和时间学习到农学、农业科学、牲畜学、土地管理和农业贸易等方面的专业知识；另外，学生可以在大三的时候选择一个或多个领域作为主要研究和学习方向，在第四学年开始与专业相关的工作实习，锻炼实践能力和社会适应能力。再比如，该校的葡萄栽培与酿酒专业的本科层次教育，让学生们在第一学年学习有关葡萄酒科学的基础原理、基础工具知识；在第二、第三学年主要学习有关葡萄种植与葡萄酒酿造的专业类知识，也会兼修葡萄酒厂经营与管理方面的课程知识；在第四学年，让学生参与相关行业的社会实习，也包括葡萄酒科学相关的研究工作。

浙江大学与阿德莱德大学同为研究型的综合类大学，本科阶段农科类专业的课程设置也各有特点。浙江大学的本科课程按模块化设置，加大选修课程的比例和种类，设置不同专业方向的系列化课程，以培养基础厚实、知识广博、专业精深的人才；农科类专业教育是阿德莱德大学教育的一部分，其本科阶段课程设置主要有几个方面的特点：

其一，课程按照从易到难的顺序设置，让学生们在前期学习基础类的课程打好基础，后期学习专业类课程，以加深对专业知识的掌握，并锻炼专业技能。

其二，基础类课程以公共必修课的形式设置，公共必修类课程涵盖丰富专业基础知识和人文社科类知识，目的是为学生的专业课学习和全面发展奠定基础。

其三，课程内容设置方面，也注重内容知识的深度与知识面广度的互相结合，学生掌握专业知识的同时，也增强知识的宽厚基础。

3. 教学方式方法比较

在对浙江大学农业生命环境学部本科阶段教学方式的调研中发现，五所学院均是在通识教育的基础上，采用素质教育与跨学科教育的模式，也就是该校目前所实行的"一横多纵"的培养模式。实施通识教育旨在让学生们具备人文类、社科类、自然科学类的广厚基础知识，培养学生以跨学科、文理综合的广阔视角来观察、认识和理解社会行业发展状况，从而有利于形成均衡的知识、素质、能力的结构，以便在德、智、体、美、劳等方面全面发展；专业教育与跨学科教育，是基于深化专业教育的基础上，发挥学校各个学科门类齐全的资源优势，挖掘更宽广的学科交叉教育发展潜力，以培养拔尖的创新人才。

浙江大学实行大班理论授课、小班研讨交流的模式开展教学，教师们也会运用案例教学法、问题发现法、探索教学法等各类方法完成教学工作。学校也会结合专业特色应用先进的多媒体技术，引入"慕课"并采用翻转课堂教学模式，以便打造线下教育与线上学习有效结合的、新兴媒体与网络社区紧密互动的教育教学平台。此外，各学院也会依托专业特色优势，积极开展探究性、纵深性的创新教育，培养学生深度钻研意识和创新的能力。

阿德莱德大学的本科教学讲究"以生为本"的原则，采用以"学"为主、小班教学、合作学习、翻转课堂等多样化的教学方式，以更好地培养人才。其一，采用以"学"为主的教学方式，让课程教学先从学生们的自学开始，教师对学习过程、遇到的问题、注意事项给出指导与讲解，这种教学方式能调动学生的主动性，增强学生对"学习主人"的角色认同感，有利于提高教学的效率。其二，阿德莱德大学的大多数课程采用人数相对较少的小班式教学方式来进行，让教师能对学生们的学习状况更了解，也确保对上课学生们进行具体指导，有利于做到因材施教。其三，阿德莱德大学不仅注重学生自主学习能力的培养，还特别重视合作学习能力的培养。因此，在课程教学中，教师们也会采用合作式学习的教学方法，让学生们在课上和课外通过小组的形式进行合作，一起共同探讨如何去完成作业。此种合作学习方式，可以让学生们针对专业问题交流彼此的想法，有利于打破个人思维的局限性，使个人的看法得到完善，也使学生的合作能力得到培养。

此外，阿德莱德大学在教学中也采用"翻转课堂"的模式，将小班探索式教学与MOOC（慕课）教学相结合，线下与网络平台相结合；这种教学模式使得课堂"翻转"过来，采用课前网上学习、后续课堂讨论的方式进行，也符合网络时代的学生学习规律。"翻转课堂"的使用，有助于唤醒学生学习的内驱力，也能帮助解决高校师资力量配置相对不足的问题，也有利于促进高校顺应信息时代的变化，推动课堂教学从"教师中心"向"学生中心"转变。

总体来看，浙江大学与阿德莱德大学在本科阶段的人才的培养中均注重采用多种的教学方法，例如课堂讲授法、案例教学法、讨论法、合作学习法等，也会注重教学方式的创新和改进，例如，"翻转课堂"模式，线下教育与线上学习相结合的模式等。两所学校的不同之处在于，阿德莱德大学更注重以"学生中心"，以"学生为本"的教学理念，该校以"学"为主的教学模式更能体现出这一特点；此外，阿德莱德大学的"小班教学"模式和探究式教学方法也很有特色，对实施因材施教和创新型人才培养，也具有良好的效果。

4. 教学评价管理比较

浙江大学实施大类平台招生的政策，学生在入学后接受通识教育，并不断深入地了解各院系所设置的学科与专业，后续根据个体的兴趣特长、学业成绩、综合表现，在一年内确认适合自己的主修专业。原则上，学生在入学大类范围内选择将要主修的专业，少数确有特长的学生可以允许跨学科大类选择主修的专业。

为构建学生多样成长、多元化学习的氛围和环境，学校推出覆盖全校大部分专业的辅修、双学位和交叉学科教育项目。例如，学校农业生命环境学部根据农科类教育特点和学生的需求，推出了"生物＋农业""外语＋农学""农业＋信息""农业＋管理""农业＋经贸"等"双专业""双学位"的培养方案让学生们选修。此外，浙江大学也注重与海外高校、教育机构的联系，开展多层次的教学与人才培养交流与合作，为本科生提供海外学习的机会。

由于浙江大学总体实行的是知识、能力和素质三方面并重的人才培养方式，所以在人才培养教学评价方面，学校主要围绕人才培养中的知识、能力与素质三个方面，针对教学成果和学生学业成绩进行评价。学校通常采用两种方式来进行：其一，在学生们平时的课程学习中进行考核，作为成绩的一部分记录在最终的课程学习成绩内；其二，在课程结束或在学期即将结束时，采用课程学习汇报、课程论文考核、学期课程考试等方式进行。农业生命环境学部五所学院的本科毕业生总体就业率状况良好，大部分本科毕业生选择继续在国、内外高校攻读硕士或博士研究生，五所学院的本科生毕业深造率均超过了 50%，个别院系甚至超过了 80%，本科毕业后选择直接去农村和涉农类企业工作的毕业生相对较少。

阿德莱德大学作为一所综合性科研大学，在教学管理上有一定特色，教师们大多把时间和精力用于科学研究方面，而用于课程教学方面的时间相对不多，阿德莱德大学每年均投入大量的资金加强"云服务""云平台"的建设，让教师们把课程教学内容放在网络平台上，充分利用"云平台"网络模式以开展互动式教学。阿德莱德大学十分注重"产学研"相结合，在科研方面，学校持续地加大投入为科研人员进行设施保障和政策支持，全力保障学校的科研活动；学校也会倡导"团队化"科研合作，围绕全球领域内所关注的热点、难点问题进行研究，将科研成果的应用转化当作科研成绩考核的重要标准。阿德莱德大学在教学中也体现出以"学生为本"的思想，例如：让本科学生与行业领域教授进行面对面地讨论与交流；为学生提供信息技术资源服务，引导学生利用信息技术来分析问题和解决问题；让学生参与课程设置、网上教学、学生管理、创业规划等学校公共事务的决策与管理等。

阿德莱德大学的课程教学评价与考核主要包括小组报告、小组课堂汇报、课堂表现、课程研究论文等部分，从评估形式看，课程考核评估采用的是形成性评估和终结性评估相结合的方式。小组报告和小组课堂汇报（课程结束前完成），通常要求学生们在课堂上分小组汇报，呈现研究的结果，不论是书面报告还是口头汇报均要求学生有明确分工，并保持研究内容中各部分的连贯性和完整性。课堂表现的考核内容主要包括学生出勤率、发言情况、参与课堂各种互动活动等，学生要想获得较高的课堂成绩，除了按时上课以外，必须在课前和课后阅读大量的相关资料，才能有效地参与到课堂互动中去。课程研究论文一般要求学生在课程结束或学期结束后，在规定时间期限内提交，论文通常要求与所学课程相关的话题为研究主题，利用平时所搜集的文献材料，结合指导教师给出的修改意见，进行综合整理并呈现出自己的研究成果。阿德莱德大学这种形成性和终结性结合的考核评估方式，与传统教学中只依靠试卷与分数的考核模式相比，更具科学合理性；形成性评估主要考察学生个体在学习上所付出的努力，课程学习中取得的进步等情况；而终结性评估，则是考核学生在课程学习后对该门课程的总体掌握情况，同时也考核教师课程教学的效果。

浙江大学与阿德莱德大学的教学评价模式基本类似，浙江大学是围绕人才培养中的知识、能力与素质三方面，分别在课程学习期间和课程结束后，针对学习状况、学习收获、教学成果等方面进行考核；阿德莱德大学也是采用类似浙江大学的课程评价方式，将形成性评估和终结性评估相结合，通过小组报告、小组课堂汇报、课堂表现、课程研究论文等各项内容考核学生的课程学习和教师教学等情况。在教育、教学管理方面，浙江大学与阿德莱德大学均注重并采用大数据网络平台模式，运用"翻转课堂"模式、线下教育与线上学习相结合的模式开展课程教学，为师生们教学和互动交流提供便利的网络平台；除此之外，阿德莱德大学注重"产学研"相结合，重视科研投入和以"学生为本"的教育管理思想也值得参考。

三、阿德莱德大学农科类人才培养特点

1. 体现以"学生为本"教育思想并重视校园服务

自学生入学时便给予较多关注，学校各院系建立了各类学习中心，以便帮助学生们明确进校后的发展方向，帮助和指导学生如何解决暂时的学习困难。学校注重为学生提供高质量的、贴近社会、行业发展的课程内容知识，让学生结合个人兴趣，学习与未来就业、科研、教学工作等方面的相关内容。注重互动式教学，让学生在每门课程学习中，针对课程内容和行业领域的问题，与授课教师、专家进行互动交流，共同分析问题和解决问题，培养学生们的开发研究和创新创造能力。此外，为了增加学生作为学校主人的认同感，学校让学生参与校内事务管理，如：参与学习中心设计、课程内容组织、学生学习管理、网上教学、实习和毕业安排等活动。

2. 探索多样化教学方式并注重探究能力培养

阿德莱德大学的本科教学，通常采用多样化的教学方式，注重发挥学生的主动性，让学生们主动学习，培养学生的创新意识和能力。例如，采用以"学"为主的教学方式，让课程教学从学生的"学"开始，学生完成课前作业和知识内容钻研，教师们给予指导和建议，以此来调动学生的主动性；采用小班式教学模式，让学生自由地讨论和表达个人的课程学习观点，这有利于教师对每名学生进行具体指导，也有利于锻炼学生的动手能力和探究能力；采用"翻转课堂"的模式，将探索式教学与MOOC网络教学相结合，使得课程教学根据"问题"需要来设计教学内容，学生们对知识的反应与探究过程将成为课堂教学的"具体教材"，以激发他们主动探索学习新知识的兴趣。阿德莱德大学基于主动性学习和探究能力培养的本科教学模式，对我国农业院

校本科教育、教学改革有一定的借鉴与参考意义。

3. "产学研" 紧密合作以锻炼学生实践能力

阿德莱德大学作为研究型高校，特别注重科研投入，为学校的科研人员提供良好的科研设施条件和行政服务支持，以保障学校科研活动的开展；学校也为科研人员提供较为广阔的研究与选题空间，倡导对研究课题的提炼，引导科研力量的集中化，营造团队 "合力攻关" 的氛围，以提高科研的效能。学校会组织科研人员精心选择涉及行业领域的重大问题、热点问题和技术难题，例如：农业可持续发展、食品安全、环境保护、气候变化等，依托本校的科研力量协同研究和重点突破。同时，该校也注重与政府、企业的合作，以推进科研成果的积极转化，真正让科研技术优势转化为生产力优势。阿德莱德大学在联合企业、研究所共同推进产学研合作的过程中，也为学生们的社会实践搭建了良好的平台，也能方便地为学生们在学习过程安排各种各样的社会实践活动，例如，农业科学专业的学生可以在农业类的科研机构、涉农类食品企业、海外涉农类企业进行实践和实习，将理论知识与实践相结合，以提升理论知识的应用能力，进而锻炼专业实践技能，以便为将来的就业做准备。

第三节　中外研究型高校农科类本科人才培养比较分析

一、中西方研究型高校农科类本科人才培养讨论与分析

通过对瓦赫宁根大学与中国农业大学、阿德莱德大学与浙江大学的农科类本科人才培养的比较研究来看，中西方研究型高校有一些相似之处，即：

注重对学生宽厚知识基础、综合素质和各种职业能力的培养，以培养德、智、体、美、劳全面发展的复合型、综合型人才为目标。但在农科类人才培养过程中的目标制定、课程设置、教学方式、产学研教育等方面，西方国家高校有其特点，中西方研究型高校在农科类人才培养模式方面也存在一些差异，具体如下：

1. 校企合作培养人才方面的差异

涉农类企业作为农科人才的重要"使用者"，往往能较快地接触到涉农行业领域的发展动态、市场前沿信息、人才市场问题，企业在涉农类项目经营和发展中所遇到的技术问题、管理问题、市场发展问题、行业前沿动态等，对涉农类项目科研、课程教学内容调整、丰富农业高等教育、人才培养等具有一定参考意义。

西方国家农业类高校特别注重与社会企业的联系、合作，例如，瓦赫宁根大学在人才培养过程中，注重与涉农类企业的合作，将企业在经营中所遇到的各种问题，直接用于课程内容设置、案例分析教学、农业项目科研之中，使学校的农科类人才培养工作与农业发展状况、市场前沿动态、用人单位人才需求等有一定的同步性，以充分发挥高校服务于社会和农业发展的作用。与西方国家农业高校相比，我国的农业高校在校企合作方面发展的进程相对偏慢，部分农业高校与涉农类企业的联系也不够密切，人才培养目标制定优化、教学培养方案调整、课程内容设置等方面，均缺少涉农类企业的参与。涉农类企业作为农科类人才的重要聘用机构，对人才的需求信息、聘用标准、教学反馈建议，可用于指导人才培养目标优化、培养方案制定、课程专业优化设置等方面，对农业高校开展本科教育和农科类人才培养工作也具有一定借鉴和参考意义，需要引起足够的重视。

2.跨学科专业教育与研究方面的差距

为了适应学科的不断交叉发展和综合化教育的趋势，中西方研究型高校已逐渐在尝试跨学科的教育，部分西方高校在近几十年内也一直探索与实践跨专业设计和跨学科教育。例如：美国的康奈尔大学已开设了四十多个领域的跨学科专业课程，注重学生扎实基础知识的形成，以便培养综合型人才；加州大学戴维斯分校在学士学位阶段教育中给出了明确规定，让理工科类专业的学生学习一定数量的人文类、艺术类和社会科学类的课程，方能达到毕业的要求；瓦赫宁根大学在本科教育中，也比较注重多学科专业的融合教学，并开设较多跨学科和综合类的课程，在学习专业基础知识的同时，主张通过跨学科教育让学生掌握更多学科专业知识，以便培养综合型的人才。近年来，我国的农业类研究型高校也在尝试跨学科专业设置，通过辅修制和第二学士学位教育的方式来培养复合型人才，但是，无论从跨学科专业、课程的设置数量，还是从跨学科教育的普及程度来看，我国农业高校与西方国家还存在一定的差距，跨学科教育在我国尚处于起始的阶段。

此外，有关跨学科教育的研究，目前已成为许多西方高校在人才培养中的一项重要工作，部分西方高校已经设置了专门的跨学科教育研究机构，例如，美国的麻省理工学院，已设置了三十多个跨学科教研中心，这些跨学科研究中心的工作是以跨学科专业设置、跨学科教学实践和教育研究为主，以便集中精力推动跨学科教育的革新与优化，从而推动本科层次复合型人才的培养。而在我国的研究型农业高校中，开设专门的跨学科教育研究机构的并不多见，进行跨学科教育、跨学科人才培养、复合型人才培养方面的研究与实践也相对不足，农科类复合型人才培养的研究也相对欠缺。

3. 本科基础教育与教学方式的异同

西方研究型高校比较重视本科生教育的基础性地位与作用，大多数高校实施开放式教学，低年级学生可以与研究生一起上课和学习，让本科学生接受科研训练，并接触学科专业领域的市场发展状况和前沿动态。例如，瓦赫宁根大学重视本科教育基础性地位和实践教学作用，将学校各学科研究实验室均面向本科生开放，并保证足够的实验教学时数，以实际锻炼和培养学生的专业技能，为将来从事科研和社会就业做准备。我国的大多数农业高校也比较重视本科教育的基础作用，但由于基础设施条件、学科实验室、师资力量、培养计划等方面的限制，实施开放式教学还未达到西方国家高校的程度，本科生教育阶段的科研训练也相对不足。

在教学方式方面，中西方研究型高校目前均注重采用多样化的教学方法以完成教学和人才培养工作，总体差异不大。在实践教学和课外实习方面，西方高校一般有充足的课外实践教学基地，学生们可以赴海外的企业和机构单位进行实习；与西方国家高校相比，我国农业高校实践教学水平相对不高，由于大部分学校与社会企业的联系不够密切，与学校深度合作的企业数量也相对不足，课外实践教学基地相对不充裕，学生们赴海外进行实习的现象也并不多见，西方高校在实践教学方面的经验，值得我国农业类高等院校借鉴与参考。

4. 国际化人才培养方面的差异

西方国家的大多数农业高校较为重视国际化教育，通过国际化教育交流合作、联合办学培养人才、多语种教学、让学生进行海外工作实践等方式，培养国际化的农科类人才。比如：荷兰的瓦赫宁根大学的办学目标之一是要与国际教育接轨，注重高校之间的国际化交流与合作，从注重外语教学、跨专业设置、农业类科研机构设置、国际化师资队伍建设等方面着手，推动该校向国际化方向发展以培养国际化人才；再比如，美国、法国、德国等国家的高校，在农科类人才培养过程中，注重和采用与不同国家高校联合办学的模式，共同培养国际化的"农业工程师"。近几年，随着我国农业"走出去"步伐的加快，涉农类国际化人才需求量也在随之增加，我国农业高校已经意识到国际化农科类人才的培养将是高校人才培养的一个重要方向，但由于国际化师资力量不足、国际办学经验欠缺、教育资源有限等因素，农业高校实施国际化教育和农科类国际化人才的培养还处于起步阶段。

5. "产学研"合作水平的差异

西方国家农业类高校的"产学研"水平相对较高，通常是因为外国农业高校一直重视与涉农类企事业单位的联系与合作。瓦赫宁根大学借助于"食品硅谷"与荷兰国内、海外较多的涉农类企业进行合作，使科研成果能快速地在农业类企业里得到转化，其农科类的"科研产出"一直稳居世界前列；阿德莱德大学自建校之初，也比较注重与社会企业的联系与合作，在加大科研投入的同时，也注重科研成果的产出，目的是让科研技术优势及时地转化为社会生产力优势。与西方国家高校相比，我国大多数农业高校的科研产出效率偏低，"产学研"水平还有较大的发展空间；外国高校密切联系涉农类跨国经营企业的做法，值得我国农业高校去借鉴。对农业高校来说，加强与涉农类社会用人单位的联系与合作，有利于科研成果在市场中得到快速的转化，有利于社会用人单位参与到高校的人才培养工作，从而有助于农业高校充分发挥其农业高等教育和农科类人才培养的重要作用。

二、我国研究型高校农科类本科人才培养主要存在问题

在涉农类教育、科研、人才培养方面，研究型农业高校在国内农业高等院校中一直处于前列，目前也在朝着建设高水平大学方向发展；在对比国外研究型大学人才培养模式特点后，我国研究型农业高校在农科类本科人才培养中还存在一些问题。

1. 本科教育现状制约创新型人才的培养

在本科层次的创新拔尖人才培养过程中，国内大部分农业高等院校在制定本科教学培养方案时，围绕着让学生具备扎实专业理论知识、宽厚的多学科知识基础、培养和提高创新意识及能力等目标来实施，但是在学科专业设置、教学组织、课堂教学方式方法和社会实践等方面仍然在沿用传统的教学理念和人才培养方式。例如：跨学科专业和课程设置不足、部分人文社科类课程选修难；教学的组织形式上仍注重循序渐进式的方式，缺少创新与变化；课堂教学中仍偏重于理论知识的讲授，师生之间缺乏互动；理论式教学方式仍占主导，实践教学和课外实习安排相对不足；注重专业知识的传授，缺乏对学生人文素质的教育和培养；偏重于验证性实验的操作，缺乏对学生进行创造性思维和能力的训练与培养等。高校在本科教育中的这些不合理的做法，会导致本科人才培养与现代农业发展所需要的创新型人才的要求不能完全匹配，亟待进一步的优化与改进。

2. 教学方法与教学评价待完善

在本科教学中，虽然大多数高校也采用多种教学方法，但课堂讲授法在教学方法范围内仍然占主导，在课堂上，教师讲学生听、灌输式倾向也仍然存在，致使师生之间的交流相对较少，对教学效果有一定影响。也有一些高

校的教师会借助于多媒体工具，搭配使用案例分析法、问题式教学法、探究式教学法等来丰富课堂教学，但常常因为与课堂讲授法结合不充分，致使课堂知识传授不足的现象出现。如何将传统的课堂讲授法与多样化的教学方法进行搭配使用，以提高课堂教学的效果，有待进一步的规划与完善。此外，大多数农业高校的教学评价和实施，主要是通过高校的教务人员、教学管理者、授课教师来评价，评价的主体缺少校外社会组织机构的参与；关于教学评价的方式，仍然以课程考试、结业考试、论文等为主，评价的方式缺少变化，而对实践教学、课外工作实习的评价标准也缺乏科学的评价标准和体系，致使实践教学和社会实习得不到合理评判与检验。

3. 校企之间缺乏联系与合作

涉农类企业通常能较快地接触到农业市场的行情和发展动态，而在涉农类项目经营中所遇到的技术问题、经营管理问题、市场动态信息等，对农业高校的科研和教育有重要参考价值。与西方国家高校相比，我国的农业高校与涉农类企业的联系不紧密，无论是人才培养，还是合作办学方面，均缺乏社会企业组织的参与，致使人才培养的总体规格与社会人才市场的需要有一定脱节。此外，校企之间缺乏联系与合作，也会导致学校的实践教学基地不足，科研成果的转化不及时，产出率偏低；像中国农业大学，目前的校外实践教育基地、创新创业基地和校外人才培养基地的总数量还未超过十五个，校外实践教学基地建设明显不足，这与校企之间的缺乏联系与合作有一定关系。西方国家高校密切联系涉农类企业的做法，值得我国借鉴，加强与涉农类社会用人单位的联系，能将科研成果在农业行业市场得到尽可能多的转化，还能有利于拓展人才培养的实践教育基地。

4. 人才培养中的实践教学相对薄弱

在具备扎实的专业理论知识的前提下，掌握实际操作能力和专业技能，是农科类专业毕业学生走向社会所需的必备条件，而在目前农科类专业的教学中，重"理论教学"，轻"实践"的现象仍然存在，对学生专业操作能力的锻炼与培养相对不足；专业理论知识的学习是基础，至于如何将理论知识与专业技能的培养进行有效的结合，是值得思考和改进的地方。在农科类专业教学过程中，针对专业性较强的课程，国内高校教学可以不局限于教学课堂的"束缚"，将教学场所进行转移，实际锻炼学生的操作技能。西方国家高校的一些实践经验值得借鉴，例如：阿德莱德大学的葡萄种植专业教学中，教师经常将课堂教学直接转移到农场的种植大棚中，向学生示范种植嫁接、秧苗维护、技术管理等操作流程，每名学生按要求进行实际操作，以实际训练技能；以"大棚"为场地的教学，能让学生们在实践中学习和锻炼较为实用的技术。除了重"理论"轻"实践"的现象外，部分农业高等院校还存在实践教学目的不明确、缺乏有效的评价与监督机制、实践教学设施与农业发展存在差异、实践教学师资队伍力量薄弱等问题，这些问题也会对学生实际动手能力、创新意识、创新能力的培养与提高，造成一定的制约和不利影响。

5. 农科类国际化人才培养相对不足

在人类经济活动越来越趋向全球化的今天，涉农类全球化经营的企事业单位数量在增加，涉农类单位也将面临越来越频繁的国际化合作与交流，这就需要较多国际化的人才作为支撑，涉农类跨国经营的企事业单位将会对其从业人员的知识背景、专业技能、国际意识、国际视野、综合能力等方面的要求越来越高。因此，高等教育的国际化，将会是农业高校教育和农科类人才培养的一个值得关注的方向，发展国际教育以培养各个层次（包括本科生）

的国际型人才，也将是本科教育改革的趋势。但是，我国大多数研究型农业高校目前还并未将本科层次的国际化人才培养，当作一项重要教育任务来抓，农科类国际化人才数量还无法满足涉农类用人单位的需要。此外，国内大部分农业研究型高校的国际化教育水平不高，有关的研究与实践不足，无论是国际化课程设置，还是跨专业设置、国际化合作办学等方面，国内的研究型农业高校与美欧等西方国家相比，均存在一定差距。

三、我国研究型高校农科类本科人才培养存在问题原因分析

1. 政府部门管理过严影响高校自主权的发挥

高校作为高等教育的重要实施机构，应具备在科研上求真创新的精神和运用教育培养人才的能力，也应当拥有一定自主权利，以便于做好科研组织、专业优化、培养计划调整、师资力量调配等工作。农业高校的发展，离不开国家教育主管部门的指导与管理，但目前教育主管部门对高校管理较为严格，涉及学校的招生、专业变化调整、毕业生分配、教师资源调配、经费划拨等方面。国内的部分农业高校目前在国际化教育办学、校企联合培养人才、农科类国际化人才培养等方面存在一些不足，这需要一定的自主权来进行优化与调整，因此，教育主管部门有必要协调好与高校之间的权利职责范围，以便让高校在国际化教育、校企办学、教学事务管理等方面能有自主权进行改进与调整。

2. 高校对"行政权"与"学术权"的协调不到位

由于主管教育部门对高校的管理范围较广，在此管理模式的影响下，大多数高校内部的行政机构成为了教育工作和人才培养的决策层，致使行政权力要比学术权力重要，学术权力与行政权力之间存在一定的失衡现象；尤其

是在教育方案实施、课程教学、课程组织等方面，如果学校的行政权力干预过多，则会对"学术权"的实施造成一定制约。一旦学校中"学术权"受到限制，那么人才培养中的课程内容优化、跨专业教学资源使用、教学方式实践等则无法及时地实践与优化，就会产生一定的滞后性。因此，协调好高校内部的"行政权"与"学术权"之间的职责、分工、界限等问题，十分有必要，也是目前农业高等院校内部权力配置工作改进的一个重要内容。

3. 教学方法与评价机制存在不足

高校不仅要向学生传授专业理论知识，更要培养学生的创新能力、学习能力以及社会适应能力；不仅只关注学习和考试成绩，更应重视学生的实践和专业操作技能的培养。当前高校教学机制存在一些问题，例如："理论式"教学、知识灌输式教学模式仍占主导，学生的创新意识和能力培养方式较为单一，学生解决问题的能力和创新意识相对不足等，这些问题的存在，不利于人才的培养。此外，高校的教学评价与教育规律有所偏离，教育主管部门是本科人才培养计划制定和教学评价的主要实施者和参与者，人才培养与教学评价缺少社会企事业单位的参与，而评估的方式与内容又缺乏创新与定期的优化，致使人才培养的规格质量与社会发展、人才市场需求的变化存在不完全匹配的现象。

4. 实践教学的保障机制待完善

实践教学基地、课外实习能有效地锻炼和培养学生的专业技能，大多数农业高校目前与社会企事业单位缺乏紧密的联系与合作，学校本身作为国家教育主管部门的管理机构在办学自主权方面有所限制，校企联合办学发展缓慢，致使高校在人才培养过程中的教学实践基地、课外实验室、工作实习单位数量相对不足。此外，随着"一带一路"倡议实施，国际化人才存在一定缺口，高校的国际化教育合作、国际化人才培养、国际化专业课程的研发工作较为重要，教育主管部门也有必要调整公共财政保障机制，以推动和保障国际化人才的培养。

本章小结

西方国家研究型高校的农科类本科人才培养模式富有其特点，本章基于人才培养模式中的人才培养目标、课程设置、教学方法、教学评价与管理等要素，分别对中国农业大学与荷兰的瓦赫宁根大学、浙江大学与澳大利亚的阿德莱德大学农科类本科人才培养模式进行了比较研究，讨论并分析了中西方研究型高校在本科教学方式、教育管理、跨学科专业教育与研究、校企合作办学、国际化人才培养方面、"产学研"合作水平等方面存在的一些差异。

通过讨论与分析中西方研究型高校在农科类本科人才培养方面的差异后得出，我国研究型高校在农科类人才培养存在几个方面的问题：其一，本科教育现状制约着创新型人才的培养；其二，高校对学生创新意识与能力培养存在不足；其三，课程设置和教学方式有待完善、实践教学相对薄弱，存在诸多问题；其四，国际化教育水平相对欠缺，农科类国际化人才培养相对不足。

高校存在的这些问题会对农科类人才培养工作产生一定影响，究其产生的原因，这些问题的产生与教育主管部门和高校的教育管理都有一定关系，即：教育主管部门过严管理，影响着高校自主权发挥；高校内部行政权力与学术权力协调不到位，致使本科跨学科教育、专业调整、课程教学优化存在一些问题；高校教学与评价机制存在不足；实践教学保障机制待完善。针对农科类复合型人才的培养，高校有必要针对国内高校所存在的问题和产生原因，在借鉴西方国家高校在农科类本科人才培养实践经验的基础上，对现行的教育管理、人才培养工作进行优化调整，以便能更好地开展农科类人才的培养工作。

第四章　中外应用型农业高校农科类本科人才培养比较研究

美国、英国、法国、德国等西方国家比较重视应用型农科类人才的培养，并在应用型农科类人才培养与教育管理方面也各有特点，例如，美国实施"自由式"的课程体系，将农科类专业人才培养与规模化的家庭农场生产相结合，借助"产学研"合作，大力培养学生的专业实践能力；德国实施"双元制"教育模式，带有鲜明的"职业化教育"特色，以培养职业化的农科类应用型人才；瑞士实行学术型与应用型双元并重的教育体制，以"农业工程师"为培养目标，联合企业和社会组织共同培养应用型的专业技术人才；法国大多数院校实行"基础＋选修"与"基础＋模块"相结合的教学模式，注重与社会企业的合作，共同培养面向涉农企业、农场、社会组织机构等用人单位的应用型"农业类工程师"等。

本着高校类型、发展定位、学科专业设置等相似或相近的原则，本章选取了 H 农业大学农学院与昂热高等农学院、T 农学院与伯尔尼应用科技大学农学院四所农业类院校作为研究的个案，并分别进行对比分析。通过对国内外应用型高校的农科类本科教育及人才培养模式的对比，总结和分析我国应用型农业高校在农科类本科人才培养中存在的问题，为农业类高校培养农科类复合型人才提供一些借鉴与参考。

第一节　H农业大学农学院与昂热高等农学院
农科类人才培养比较

一、H农业大学与昂热高等农学院基本概况

1.H农业大学基本概况

H农业大学是一所以培养应用型人才为主要目标的农林类高校，也是全国范围内较早实施农业高等教育的学校之一，该校设置了博士、硕士、本科、专科四个层次的人才培养和教育体系。目前以农业生命科学为优势学科，同时设置了工学、管理学、经济学、法学、人文社会科学、理学等不同学科门类，属于多门学科专业协同发展的特色农业高校。H农业大学目前设有26个学院，2个直属系，87个本科专业，全日制本科生超过2.7万名（2018年统计）；该校特别重视本科基础教育，具有国家级"本科教学工程"建设项目23个，省级项目100多个。

农科类专业以及涉农类相关专业，主要在该校的农学院、资源环境学院、园艺学院、植物保护学院里设置。其中，农学院是该校开设农科类学科专业和体现学校办学特色的一个重要学院。学院设有作物遗传育种系、作物栽培学与耕作学系、农村区域发展系、中药学系和作物学实验教学中心。包括了农学、植物科学与技术、草业科学、种子科学与工程、农村区域发展、中药学6个本科专业。

2.昂热高等农学院的基本概况

法国的高等教育机构有公立的普通高校、私立高校、综合性大学，也有具有特色的工程师学院，法国的高等农业学院通常属于工程师学院，公立的高等农业学院由农渔业部来管辖，私立学院属法国农渔业部认可。昂热高等农学院（法文称"GROUPE ESA"），属于法国的私立学院，该校于1898年成立，位于法国卢瓦尔大区，该学院有工程师学院、农业贸易管理学院、高级农业技术学校、继续教育培训中心等4所分支学校。全校有近3000名在校生，开设了4个大型的有关现代农业研究实验室，是法国目前最大的高等农业教育机构，也是该国最大的生命科学类高等教育机构。

昂热高等农学院提供50多种文凭课程学习计划，层次范围涉及学士学位、工程师学位、硕士学位与博士学位，供学生们学习；在修学管理方面，高校设置了全日制模式、半工半读模式、远程教学或继续教育模式等，让学生们可根据自身的情况进行选择。昂热高等农学院注重国际化教育，在全球范围内有100多所国际合作院校，合作院校除来自欧洲其他国家外，也与巴西、俄罗斯、中国等国家一些院校有着国际交流与合作；依托国际合作院校的资源优势，昂热高等农学院每年均可为本校的学生提供较多出国与学习交流的机会。

昂热高等农学院本科层次的农业教育，总体分为两个阶段。第一阶段为大学预科学习阶段，学制通常为2年，在前15个月时间里，学生们统一学习基础类课程，即所谓的"通识教育"；在后面9个月时间内则学习选修类课程，合格者方可获得大学普通教育证书（DEUG）。第二个阶段为专业学习阶段，学习时间为2年至3年，第1年和第2年可分别获得职业学士（Licence）文凭和普通学士（Maitrise）文凭；除了能获得职业学士（Licence）文凭和普通学士（Maitrise）文凭外，昂热高等农学院还与荷兰德龙登（Dronten）大学合作，而专门设立了"欧洲工程师学位"文凭学习的专业，修学时间为一年半，学生们考核通过后，可以获得"欧洲工程师学位"本科文凭。在农业类相关专业的设置方面，昂热高等农学院开设的专业主要有：农业贸易管理、作物栽培与种植、葡萄酒国际市场销售、农业国际经营管理等专业（见表4-1）。

表4-1 昂热高等农学院农科类本科专业分类

分类	专业	修学时间
职业学士学位（PROFESSIONAL LICENSE）	农业贸易管理；作物栽培与种植；葡萄酒国际市场销售	1 年
欧洲工程师学位（EUROPEAN ENGINEER DEGREE）	作物种植与栽培；农业国际经营与管理	1.5 年
农业贸易管理学士学位（Agricadre）	农业贸易管理	2 年

来源：根据昂热高等农学院本科教育资料整理

二、农科类人才培养模式

1. 人才培养目标比较

H农业大学农学院致力于培养农业类、应用型的高级专业人才，该校的农学院针对不同专业，在本科阶段人才培养方面分别提出了具体的人才培养目标（见表4-2）。

表 4-2　H 农业大学农学院部分农科类专业人才培养目标

学院	本科专业	培养目标
农学院	农学	通过本科阶段的教育，培养能掌握作物育种与遗传、农作物种子生产、生物科技等有关的基本专业知识与技术的高级专业人才，毕业后能从事农学和生物领域的技术推广、技术培训、科研、管理等方面的工作
	植物科学与技术	通过本科阶段的教育，让学生能掌握植物科学、资源利用与保护、作物遗传与育种等方面的专业理论知识；培养德智体全面发展的，能在涉农种植行业、病虫害防治、资源环境与保护等领域从事技术培训、技术推广、科学研究、种植管理等方面的工作的专业应用型人才
	种子科学与工程	培养德、智、体、美全面发展的，能掌握种子科学与工程专业的理论知识与实践技能，综合素质强的高级科技人才；能在涉农行业领域的种子科学与工程技术的相关企事业单位部门从事科学研究、教育培训、技术推广、技术开发与服务、种子经营与管理等工作
	草业科学	通过本科阶段的教育，让学生掌握与草业科学有关的专业理论知识和基本专业技能，拥有较高的综合素质，德智体全面发展的高级应用型人才。能胜任在园林规化、体育运动场、城市环境规划等行业领域从事草坪规划、园林设计、技术应用培训、运动场草坪规划、绿地技术指导等工作
	农村区域发展	通过本科阶段的教育，让学生熟悉农学类、社会发展、经管类、农业经济等专业相关知识，掌握农村发展管理、农业生产技术推广、农业产业化管理等基本理论知识，能从事项目管理、战略决策、发展规划管理、现代农业产业经营等工作的应用型管理人才

来源：根据对 H 农业大学调研资料整理

H 农业大学农学院的各个专业在人才培养方面虽然各有不同，但总体上来看，均定位在培养能掌握专业领域的基本理论、专业知识与技能的高级技术人才，也重视创新意识和综合素质的培养。H 农业大学一直坚持实践育人、以德育人的理念，农科类专业一直是该校的优势学科，本科层次的农科类教育均要求学生们能掌握与主修专业相关的知识和技能，并具有创新意识，具备较强实践能力的应用型人才；学校也注重学生的德、智、体等方面的全面发展，以便能适应农业领域的技术指导、市场推广、研究、项目管理等方面的工作。

法国昂热高等农学院在农科类本科阶段的教育，也提出了较为明确的人才目标（见表 4-3），以学习专业知识和培养专业技能为基础，注重提高学生的职业能力，培养社会所需的、应用型的专业人才。

表 4-3　昂热高等农学院本科阶段农科各专业人才培养目标

专业	培养目标
作物栽培与种植	让学生学习作物种类栽培、种植业管理、技术运用方面的知识；培养学生的推理能力、应变能力和跨专业技能（含沟通表达、外语、项目管理、团队协作等）；养成种植业全球化经营意识，理解国际化企业或国际业务中文化差异的影响
国际农业	拓宽和丰富学生在涉农类跨国管理、营销和组织方面的知识；培养全球化经营与管理的意识；培养分析问题和决策的能力；理解国际化企业或国际业务中文化差异的影响；培养团队协作能力和独立工作能力
农业贸易管理	能具备农业经营、法律、管理和贸易等方面的专业知识，能给出关于农场管理决策的建议；帮助农业企业在自然、社会和人文环境中的优化发展；能在农场项目管理中发挥作用和贡献；培养独立工作的技能与能力
葡萄酒国际市场销售	培养葡萄种植和酿酒专业管理人才；能用业内有关的管理知识，分析葡萄酒在相关的经济、自然、社会和人文环境中的发展状况；获得有关葡萄酒的市场调研和国内外销售的具体知识，能胜任在法国和国外的管理职位工作

来源：根据昂热高等农学院本科教育资料整理

作为法国最大的高等农业教育机构，旨在把知识生产、联络社会行业单位机构以及培养学生三者结合起来，培养学生掌握植物生产、动物饲养、农业产业与环境等领域的专业知识、技能和职业能力，使学生能成为农业领域高水平的"专业精英"；此外，该校在人才培养目标设置上，也体现出国际化特点，注重培养学生的国际化意识和综合技能，以适应将来从事农业领域的国际化技术推广、管理、研究等方面工作。

H 农业大学农学院与法国昂热高等农学院的人才培养目标有一些相同之处，即：要求学生能掌握与专业相关的知识和技能，重视学生各种能力的培养，为将来的工作就业做准备。但由于学校的发展定位、办学层次、资源优势等存在不同，农科类人才培养目标也存在差异。昂热高等农学院旨在把知识生产、联络社会行业单位机构以及培养学生三者结合起来，培养学生在植物生产、动物饲养、农业产业与环境等领域的专业技能和职业能力，使学生成为涉农类行业领域的高层次"专业精英"；此外，该校在人才培养目标方面具有国际化的特点，注重培养学生国际化意识和综合能力，为将来从事涉农类国际化不同类型工作做准备。H农业大学农学院也主张培养较强实践能力的高级应用型人才，注重学生德智体全面发展，为将来从事农业领域的技术指导、市场推广、研究、项目管理等工作打好基础，但在国际化意识和能力培养方面存在欠缺。

2. 课程设置比较

H农业大学农学院针对各专业的本科教育，均设置了完备的人才培养计划，每个专业的课程体系既有理论教学课程，也有社会实践教学。理论教学课程分为三类，即：公共必修课、自由选修课、范围选修课。以植物科学与技术专业为例（见表4-4），公共必修课部分包含思想政治、法律、计算机应用、英语、体育等内容，掌握工具类基础知识，为专业课程学习打基础；范围选修课既包括高等数学、线性代数、生物学、化学等学科基础课程，又包括了植物学、细胞生物学、基因工程等专业基础课程，目的是让学生掌握植物科学、资源保护、产品开发等方面的知识。自由选修课部分，则设置了信息技术、科技写作、园艺设施学、营销学、生物信息学、专业外语等课程，来培养和提高学生综合素质，便于将来更好地适应社会工作环境。

表4-4　H农业大学植物科学与技术专业理论教学课程

公共必修课	范围选修课			自由选修课—业务素质课
	学科基础课	专业基础课	专业课	
思想道德修养、计算机操作、法律基础、马克思主义基本原理、毛泽东思想概论、邓小平理论、形势与政策、大学生学业规划、英语、体育等。	高等数学、无机及分析化学、有机化学、线性代数、实验化学、概率论与数理统计、VB程序设计、大学物理等	植物学、微生物学、气象学、遗传学、生物统计学、细胞生物学、遗传学、昆虫学基础、试验设计、土壤学、分子遗传学、植物病理学等	植物资源学、植物种子学、植物生物技术、植物生产学、植物生产学实验、植物育种学、植物生态学等	信息技术、文献检索、科技写作、园艺学、营销学、基因组学、育种生物学、农业推广、生物信息、生命科学进展、专业外语等

来源：根据对H农业大学调研资料整理

植物科学与技术专业的实践教学部分，涵盖军训、专业劳动、社会实践、专业教学实习、科研训练、课程论文、毕业论文环节（见表4-5）等内容，目的是检验学生专业知识的学习成果，同时也培养和提高学生实践能力，以适应社会行业工作。

表4-5　H农业大学植物科学与技术专业教学实践计划

教学实践环节名称	周数	时间安排（学期）
军训	1	第1学期
专业劳动	2	第1-4学期（各0.5周，分散进行）
社会实践	2	暑假（分散进行）
专业教学实习	3	第2学期、第6学期
科研训练、课程论文	3	第6、7学期
毕业论文	21	第6、7、8学期

来源：根据对H农业大学调研资料整理

在本科阶段人才培养方面，H农业大学农学院设置了学科基础课、专业基础课和专业主干课，目的是让学生学习专业相关知识，掌握专业技能，为培养高层次专业技术人才奠定基础；通过设置公共必修课，来培养学生们道德修养，促进学生德、智、体全面发展，为了将来的学习、深造和就业做准备；通过实践教学和社会实践，来提高学生的社会实际工作能力和适应能力，为将来专业领域工作打好基础。

昂热高等农学院在职业学士学位（PROFESSIONAL LICENSE）教育阶段所开设农科类专业有：农业贸易管理、作物栽培与种植、葡萄酒国际市场销售等。各专业教育不仅让学生掌握有关农学、作物栽培、管理销售、贸易、葡萄种植和酿酒等方面的专业知识，也强调培养学生的工作技能和实际应用能力；围绕此目标，各专业给出了详尽的课程学习计划，表4-6是农业贸易管理专业的课程学习计划。

表4-6　昂热高等农学院农业贸易管理专业课程学习计划

课程单元	课程名称、学时	课程内容
Unit 1	沟通交流课程（63 小时）	沟通交流与商务英语；沟通与交流；业务中的书面和口语表达；技能和业务分析等
Unit 2	方法与工具、技术、基础知识（70 小时）	方法与专业发展：文献研究、创新方法、调查方法。信息管理：数据分析与处理、计算机技能等。其他：商业和金融工具、商业智慧、项目管理、部门专业报告、经济报告、组织会议等
Unit 3	商业环境（70 小时）	商业伦理和社会；业务策略和业务职能；业务智慧；关于本地环境的研究方法；供应链的研究方法；业务的管理和监管环境，质量监管等
Unit 4	咨询与管理（98 小时）	咨询方法论；数据处理；市场营销；团队与领导
Unit 5	农场管理（136 小时）	财务会计，成果展示；技术、经济、财政、社会、法律方面的优化；农场支持（战略指导，财政）等
Unit 6	项目指导学习（149 小时）	此部分的项目指导学习，由某企业提出一个问题，是学生个人或小组来进行研究，学生必须证明其解决问题的能力，以及给出合适的解决方案。学生在老师的监督下，完成项目有关报告的书写
Unit 7	工作实习（至少 12 周，或 420 小时）	选择单位实习，提交实习书面论文，并完成答辩要求在多个不同企业完成三个阶段的实习工作：第一阶段，实习期为三周，实习相关内容是会计；第二阶段，实习期为四周，实习相关内容是会计管理；第三阶段，实习期为五周，实习内容是贸易管理

来源：根据昂热高等农学院本科教育资料整理

昂热高等农学院的作物栽培专业的课程学习计划，也划分不同的 Unit（即：单元），每个 Unit 均分别对应着不同的课程系列名称，不同的课程系列均有详尽的课程学习内容。作物栽培专业的具体课程学习计划（见表4-7）。

表4-7　昂热高等农学院作物栽培专业课程学习计划

课程单元	课程名称及学时	课程内容
Unit 1	沟通交流（63 小时）	沟通交流、商务英语；口语表达；技能与业务分析等
Unit 2	方法与工具（70 小时）	分析和解决问题的方法；创造力和创新的方法论；分析方法；项目管理和资源优化；办公自动化和计算机技能
Unit 3	商业环境（70 小时）	业务策略和业务职能；业务智慧；关于本地环境的研究方法；产品供应链研究；业务管理和监管环境、质量监管等
Unit 4	咨询或管理（70 小时）	信息搜集与管理；技术演示；咨询；管理与营销行为学
Unit 5	作物技术与科学（175 小时）	遗传学、病理学；植物育种选择和实验；植物生物技术、植物基因组学；统计学、作物实验、种子质量分析、种子遗传筛选管理；作物管理、作物技术和生长材料、作物产品加工与生产、生产规划、作物生长评估等
Unit 6	项目指导学习（149 小时）	此部分的项目指导学习，由企业提出一个问题，让学生个人或小组来进行研究，给出解决方案，证明分析问题和解决问题的能力；完成项目有关报告的书写
Unit 7	实习（至少 12 周，或 420 小时）	学生选择实习单位，范围涵盖法国本国或其他国家的企业，完成两次工作实习，提交实习书面论文，并完成答辩

来源：根据昂热高等农学院本科教育资料整理

通过表4-6和表4-7看出，专业学习课程计划中均涵盖沟通交流课程、方法与工具、商业环境、项目指导学习、实习等内容；此外，还根据各专业特色，开设了农场管理、作物栽培技术和科学、葡萄酒和土壤种植、市场营销及国际贸易、咨询与管理等方面的专业课程。学生们通过学习 Unit 1 至Unit 5 部分的课程，能丰富和增进个体自身的专业知识，每修完一门课程，都要经过严格的考核，考核不通过要重修，这样能保证学生能较好地掌握专业课程知识。项目指导学习部分，是该校课程学习计划中独具特色的部分，学生根据规定选择有关农场管理、作物栽培、葡萄酒营销等方面的某个具体问题，以个体或小组的形式展开研究，给出解决的方案或办法。通过项目指导学习，让学生能了解行业内的前沿动态和问题，为以后的工作打基础。在项目体验中，学生们要在一起交流思想，积极倾听，勇于承担责任，有效地争辩，增进个体的团队合作意识，也提高了自身的业务技能和人际交往能力。此外，职业学士教育中，还规定学生们要完成至少12周（或420小时）的工作实习，并严格按规定执行，实习结束后，要求学生们给出相关的结业报告和成果论文。

欧洲农业工程师（EUROPEAN ENGINEER DEGREE）学位教育，是该校与荷兰德龙登（Dronten）大学教育合作成果之一，又被称为"欧洲工程师学位"专业计划。欧洲农业工程师学位教育的学制为一年半，结合经济学、地缘政治、技术技能等因素，为学生提供双语和多元文化的教育，使他们适应法国国内和国外的涉农类工作。目前所开设的专业有作物栽培与种植和国际农业两个专业，其课程计划及内容设置如下：

表4-8　昂热高等农学院作物栽培与种植、国际农业专业的课程计划

专业课程	作物栽培与种植	国际农业
课程学习阶段1	学习地点：荷兰德龙滕（Dronten）大学； 学习时间：5个月，共30学分。 课程内容：荷兰的农业耕种知识；沟通与交流；研究方法（英语授课）培养；数据处理演示，项目管理；作物种植经济学；企业战略、经营策略；法学；质量学 实践：荷兰某个相关企业实习，参与作物种植工作	学习地点：荷兰的德龙滕（Dronten）大学； 学习时间：5个月，共30学分。 课程内容：农业耕种知识；沟通与交流、信息管理、技术咨询、研究方法；通用英语、商务英语；企业战略；农业经济学、食品经济学；市场营销、粮食产品营销；产品法规和质量管理 实践：参观荷兰的某类产品生产，加工或商业经营；进行工作实习

专业课程	作物栽培与种植	国际农业
课程学习 阶段2	学习地点：昂热高等农学院； 学习时间：3月到4月，共30学分。 课程内容：植物病理学、作物保护、遗传学、作物管理等。选修基础课有：生物技术、基因组学、统计学、种苗质量等；选修课程有：生产设备技术、产品加工技术、产品生产规划、生产成本管理等	学习地点：昂热高等农学院； 学习时间：3月到7月，共30学分。 课程内容：国际贸易技巧方面的内容。国际商业发展：战略、市场营销、工商管理及策略；国际商业技巧：进出口贸易、融资、文件管理；商业技术：分销渠道，谈判技巧等
课程学习 阶段3	学习地点：荷兰的德龙滕（Dronten）大学； 学习时间：4月至6月。 课程内容：完成团队项目和实习。针对某公司提出的问题进行小组研究，给出解决问题方法。书写实习报告，进行答辩；参加职业资格证书考试	学习地点：法国之外的其他国家； 学习时间：9月至次年的1月。 课程内容：学生个人自愿选择与专业相关的企业或部门去工作实习。针对某公司提出的具体问题进行个人研究，给出解决问题的方法和方案，书写实习论文

来源：根据昂热高等农学院本科教育资料整理

通过上表4-8看出，作物栽培与种植专业、国际农业专业的课程学习计划中的前两个课程学习阶段主要设置了与专业相关的课程，第一阶段在荷兰的德龙滕（Dronten）大学学习有关的课程，第二阶段在昂热高等农学院学习有关的专业课程。通过学习这些课程，学生可以丰富和拓宽个体的专业领域知识，通过短期的课外实践，来锻炼和提高实践技能。而在课程学习的第三阶段，无论是作物栽培与种植专业，还是国际农业专业，按昂热高等农学院的教育规定，学生要在国外进行工作实习。借助于海外工作实习，不仅实际锻炼学生运用所学知识解决问题的能力、提高研究技能，也积累了有关的国外工作经验，为将来职业发展做准备。学生在完成一年半的课程学习，且通过相关的课程考试后（平均成绩至少5.5，满分是10分），可以获得由荷兰的德龙滕（Dronten）大学授予的荷兰工程师文凭（荷兰农业外交部认证）。

昂热高等农学院农科类各专业的课程内容设置总体有几个方面的特点：

其一，课程设置涵盖较为全面，包括公共课程知识、专业基础知识、专业知识、专业技能训练、实习实践等；通过全面的课程学习，让学生们掌握专业知识，锻炼和提高个体的专业技能，培养并提高学生适应未来就业所需的职业能力。其二，学校的实践教学和实习课时安排要更长一些，在整个课程学习课时安排中所占比重较大，并且实习地点不局限于法国本国的涉农类企事业单位，也会要求学生到其他国家的企业、行业组织、研究机构等单位去工作实习。其三，对学生的实习要求相对较多，不仅要理论联系实际，锻炼专业技能，还要围绕行业企业或组织提出的问题，完成详细的实习报告，完成正式的答辩。其四，专业课程内容的设置，更贴近行业发展实际。比如：项目指导学习围绕企业所提出的具体问题来开展，部分专业课程内容会参考行业资格证书的要求，要求学生们学习行业资格证书考试的内容，并在大学学习期间尽量通过部分行业领域的资格证书考试。

昂热高等农学院与 H 农业大学在农科类专业课程设置方面存在一些相同点，即：各个专业课程内容组成均涵盖公共课程知识、专业基础知识、专业知识、专业技能训练、实习实践等；均要求学生掌握专业知识、锻炼和提高学生的专业技能、培养并提高适应未来就业所需的职业能力。但两所学校在课程设置方面也有一些差异，昂热高等农学院在课程设置方面的特点有以下几个方面：

其一，昂热高等农学院的实践教学与实习课时安排超过 16 周，明显要比 H 农业大学 10 周的时间要长，实践教学与学习在整个课程计划中受到高度重视。

其二，昂热高等农学院对学生的实习要求相对较多，要求学生运用所学知识解决专业领域的实际问题，锻炼和提高专业技能，还要围绕行业企业或组织提出的问题，给出详细的实习报告，并完成正式答辩，体现出实习管理严格的特点。

其三，专业课程内容的设置，更贴近行业发展实际，比如：项目指导学习围绕企业所提出的具体问题来开展，部分专业课程的学习内容会参考社会行业资格证书的要求，让学生们学习行业资格证书考试的内容，并在大学学习期间尽量通过部分行业领域的资格证书考试，这在我国农业高校本科教育中比较少见。

3.教学方式方法比较

H农业大学农学院在本科教学方面一直坚持"厚基础、宽专业、因材施教、理论联系实际"的原则，让学生掌握学科领域内的专业知识，为培养高素质的农业科技类人才奠定基础；在教学工作中，各学院主要采用讲授法传授专业理论知识，注重对学生实际操作技能的培养，通过实验实训、案例教学、教学实习等手段，来锻炼和培养学生们的动手能力，达到能"学以致用"的目的。农学院在人才培养中，注重教学科研与实际生产的联系，教师会不定期地带领学生去各个实验基地、实验点开展实践教学。例如，该校资源与环境学院的教师会带领学生们赴张北试点区、雄安新区试点区、怀来防沙实验区、唐县试点区等学校的合作实习基地，结合具体生产实际进行实践教学，此做法有利于学生加深对专业知识的学习与理解，教学效果相对良好。此外，为了扩展学生的国际化视野，学校会每年邀请国外专家学者来学校作学术报告。

昂热高等农学院教师在教学和人才培养中，注重互动式教学，营造活跃而和谐的学习气氛，以培养学生的创造思维、组织管理能力、分析问题和解决问题能力。针对专业类课程的教学，昂热高等农学院各专业多采用任务型教学模式，教师在教学中先呈现出学习的任务，让学生们在"任务"的驱动下学习课程知识和进行专业技能的训练；该教学过程也是任务驱动（task-driven）的学习过程，该教学模式有利于激发学生学习的兴趣、调动学习积极性，也有利于提高学生们的责任感、实践能力、解决问题的能力和独立思考的能力。此外，昂热高等农学院在教学和人才培养过程中，也重视实践教学环节，充分利用一些农场和社会企业的生产车间，组织学生进行实际生产劳动与专业实习，使学生能较早地接触农业、食品生产、经济领域的实际工作环境，及时了解相关的前沿发展动态，为将来的工作就业奠定基础。

在教学方式方法方面，H 农业大学农学院与昂热高等农学院存在较多相似之处，比如：两所高校均注重采用多种教学方法来完成教学的工作，无论是 H 农业大学通过案例教学法、课堂讲授法、实验实训、教学实习等手段完成教学，还是昂热高等农学院采用任务型课堂教学、案例教学、问题发现式教学、分组讨论学习法等不同的方式，均体现出两所院校注重多样化教学的特点。此外，H 农业大学农学院与昂热高等农学院也重视课外实践教学，利用已有的课外教学场所来完成实践教学工作；但与 H 农业大学农学院相比，昂热高等农学院则更加注重利用实践教学来培养学生们创新思维意识和能力，以及利用专业知识实际解决问题的能力。

4. 教学评价管理比较

H 农业大学在教学管理中，实施弹性学制和学分制的管理模式，学生可根据个体情况自主选择课程，以达成学校所规定的学分要求；本科阶段农科类专业学制通常为四年，个别专业的修学年限可适当延长一年。该校农学院积极倡导农科类专业领域内的教授和专家给本科生授课，充分发挥教授专家们丰富的教学和科研经验，让本科生充分地了解学科及专业领域内的前沿动态和发展趋势。按照 H 农业大学教学评价规定，在每门课程结束后以及学期末，会有专门的负责教师和部门对教学进行评价，评价的主要内容围绕学生们课程成绩、学业成绩、教师工作业绩等进行，也会体现出甄别与选拔功能，为选拔优秀学生出国留学与继续攻读研究生做准备。

为了更好地笃行教学、科研、生产相结合的教育模式，H 农业大学先后建立了一些"产学研三结合"实验基地和示范中心，例如："林果生态工程实验教学中心""蔬菜种植创新与利用实验室""作物学实验教学中心""食品与生物工程实验教学中心"等。此外，学校也注重理论与实践相结合，与一些行业领域内的涉农类企业进行联系，以推动产学研合作。该校也注重国际教育交流与合作，会不定期地聘请美国、法国、澳大利亚等国家的一些农业领域专家学者作为学校的兼职教授、客座教授和名誉教授，为本校师生进行讲学，以拓展国际化视野；学校也注重与国外高校建立学术交流和校际合作关系，截至目前，该校已与美国库克大学、圣托马斯大学、韩国晋州产业大学等国外高校建立了国际交流与合作关系。

昂热高等农学院在规定修学时间范围内，会安排较多的课程，让学生们去学习；在教学评价方面，学生每学完一门课程，都要经过严格的考核，如果考核不通过一般不会设置"补考"让考核不通过的学生进行重修，以此来促使学生较好地掌握专业知识；在评价主体方面，昂热高等农学院会参考社会企业、行业组织的意见，尤其是在课外实习中，会围绕企业所提出的具体问题完成实习报告和实习答辩，行业组织和涉农类企业的评价将在实践和实习中占有较大的比重。

昂热高等农学院注重通专结合、文理渗透的人才培养模式，学校为学生提供多样化的各种选修课，让学生们按培养计划选修，以扩大学生们的知识面；注重跨学科学习，让理科类学生学习人文社科类课程，学习语言文学类知识；让学习人文社科类专业的学生也能学习理科类课程和农业类课程，以扩大个体的知识面。学校教学管理部门会设置专门的课程研究办事处，职责是根据学生的特点及新学科的需要，不断更新教学的内容和课程学习的内容。

昂热高等农学院特别重视实践教学和课外实习，将实践教学认为是整个教学和人才培养工作中最重要的部分；为了保障实践教学和课外实习，昂热高等农学院与全球范围内的一些涉农类企业、研究所和其他性质的单位机构有着密切的联系，通过调研发现，仅在 2018 年，该校学生就在 1 500 多家企业进行实习。为了确保课外实践教育的进行，法国有关政府部门还制定了相关的法律和政策，要求本国内所有的涉农类企业、机构组织、个体农庄要无条件地配合学校的实践教学，为学生的课外实习与学习参观提供便利。此外，学校也有专门的企业聘用和实习工作信息网，为在校生提供较多的工作实习信息。所以，昂热高等农学院学生在就读期间的课外实习和实践教学相对更有保障，毕业生很容易找到与学习专业相匹配的工作实习单位。

在教学评价与管理方面，H 农业大学农学院与昂热高等农学院两所学校存在一些共同之处，例如：教学评价均有比较完备的体系，涵盖课程内容设置、课程教学、结业考核等不同的环节，评价的主要内容围绕学生们课程成绩、学业成绩、教师工作业绩等进行；教务管理人员、授课教师、学生也参与到教学评价的工作中；重视在人才培养中开展实践教学和课外实习，并积极拓展课外实习基地与场所；注重与国外高校进行国际交流与合作，以拓展师生的国际化视野等。与 H 农业大学相比，昂热高等农学院也有其不同之处，例如：重视和加强外语类专业教学；教学评价主体的多元化；课外实践教学基地和工作实习单位数量充裕，能为学生提供国外实习的单位等，这些不同之处也恰恰是其农科类人才培养模式的特点体现。

三、昂热高等农学院农科类人才培养模式的特点

1. 重视国际化教育交流与合作

昂热高等农学院比较注重国际化教育，其办学的宗旨之一是要与国际接轨，加强与外国高校之间的交流与合作，努力争取把昂热高等农学院办成一所扎根于法国，并面向全球的、高水平的国际化农业高等院校。截至目前，昂热高等农学院在全球范围内有 100 多所国际合作院校，每年有超过 400 名学生出国学习与交流；"欧洲工程师学位文凭"，是昂热高等农学院与荷兰德龙登（Dronten）大学开展合作而专门设立的一个富有特色的农业类专业方向，双方合作已有十几年的历史，学生们可以在两个不同的学校学习专业理论知识，并在专业课程实验、课外实习、专业领域研究、论文写作等方面，也可以得到来自两个学校专业教师的指导。

2. 注重实践性教学

根据昂热高等农学院的教育计划，准学士（Licence）阶段规定学生们要完成 12 周的实习，学士（Maitrise）阶段规定学生们要完成 6 个月的实习，与我国普通高校的实习规定时间相比，昂热高等农学院的实习时间明显要更长；而且实习分布在各年级的不同阶段来进行，让学生们能直接接触到企业生产，及时了解到行业领域内的动态信息和发展状况，这样有利于巩固和应用所学的专业知识。关于实习单位，学生可以选择法国本国的，也可以选择国外的，实习单位类型涵盖大型农场、涉农类企业、农产品加工厂、涉农类研究机构、涉农类政府部门等，学生实习的范围较为广泛。

昂热高等农学院鼓励学生优先选择国外的企业进行工作实习，不仅能接触到国外的风俗文化和国际规则，还能扩大国际化视野，锻炼和提高了个体的国际化实践能力，为今后从事国际化的工作打好基础。实习的费用，尤其是学生去国外实习的费用，法国农业渔业部会给予一定的资助，而且会随着社会发展和消费水平的增长而不断提高资助的金额水平，这方面实习保障机制有别于我国的教育管理。此外，由于学生在实习过程中是直接参与到第一线的工作，不仅能提前适应社会工作，还能帮助实习单位完成一些涉农类项目工作和解决一些经营中的实际问题。总体看，昂热高等农学院学生通过各种层次的国内外工作实习，实际锻炼了专业技能和动手能力，也提高了分析问题和解决问题的能力，以便毕业后能较快地适应社会工作。

3. 重视学生创造能力的培养

昂热高等农学院在教育中特别注重对学生创造思维和能力的培养。比如，课程学习计划中的选修课或单元教学中，均有一些行业领域的课题研究，让学生们去分组完成，找出问题的解决方案，培养和锻炼学生的创新思维。在教学方法层面，昂热高等农学院借助于问题发现式教学法和探究式学习法，培养学生管理和组织能力、运用所学知识解决问题的能力、创新思维意识。在项目指导学习中，通常针对某企业提出的问题，或者是让学生选择与所学专业领域的某个具体问题，让学生运用所学的专业理论知识去分析和研究，撰写论文报告，以此来锻炼学生的理论联系实际的能力，检验专业知识的掌握情况，训练专业技能。此外，学生在法国国内或其他国家企业单位实习中，也会根据老师的建议，针对行业领域里发展动态、产品研发、项目管理等，发散个人思维进行创新性研究，培养和锻炼学生们的创新能力。

4.重视与社会企业的联系合作

昂热高等农学院重视与行业内社会企业的联系，早在 2000 年，该校学生就已在 1500 多家法国本国和其他国家的涉农类企业里实习，本校的学生可以比较方便地进入企业去参观、交流和工作实习。此外，涉农类企业也会随时提出一些发展中的问题，或者提出一些农业类的技术问题让昂热高等农学院去研究和解决，这些问题常常能反映行业内的前沿动态问题。学校把涉农类企业提出的各种发展问题进行筛选与分解，以课题或案例的形式让学生去分组研究，帮助企业解决各种问题，也能锻炼学生运用所学知识解决问题的能力。

昂热高等农学院也积极与涉农类企业进行合作，按照"订单式"的培养模式，为企业用人单位培养各类人才，使得学校和企业双方都受益。借助于行业内社会企业的合作平台，昂热高等农学院会扩大教师招聘的范围，适当降低对学历学位的要求，从合作的企业中招聘教师，聘用人员的类型涵盖：科研人员、企业家、成功的创业者、工程技术人员、农业类专业技术人员等。这种做法，不仅能丰富高校的师资力量结构，也能让学生接受到不同背景教师的知识传授与教学，分享到教师们的行业实践经验与实际的案例，以此来帮助学生了解行业最新的发展动态和市场信息。

5.重视外语类专业教学

虽然昂热高等农学院不是专门的语言类高校，仅是一所农业类教育机构，却非常重视学生的外语学习，通过各种模式来促进学生的外语学习，下面以英语为例，来介绍该校重视外语类教学的实践做法。

其一，学校在课程设置方面，规定必修的第一外语为英语，学生必须按教学计划完成。在课程设置和教学方面，积极推出"双语式"课程和教材，通过"双语式"教学模式，来促进学生学习英语，进而提高他们的英语水平。

其二，学校规定学生在大学第二学年内要通过 TOEFL 的资格考试，通不过资格考试者要进入英语补习班加强学习和重新考试，以此来保障和提高学生们的英语能力，为后续的双语课程学习、社会实习和就业奠定基础。

其三，学校开设了多种具有学科优势特色的国际类专业，并通过提供奖学金和留学资助的形式来吸纳各国的留学生来昂热高等农学院学习。此外，将大部分的专业课程教学，让留学生和本校学生一起参加，以此来营造国际化的学习氛围，以提高昂热高等农学院本校学生的英语学习积极性和主动性。

其四，在工作实习方面，根据学校规定，很多专业要求学生去国外实习，尤其是学生们进入准学士（Licence）阶段的学习后，必须要完成国际化的实习和工作实践，而英语是作为通用的语言之一，这样就促使着学生们去努力学好英语，努力提高英语的听、说、读、写能力。国际化的实习和工作实践，也促使着法国本国的学生去努力学好英语，以掌握好这个走向世界的必备语言工具。

第二节　T 农学院与伯尔尼应用科技大学农科类人才培养比较

瑞士农业资源相对匮乏，其国民却能享有高品质食物，这与其高水平的食品类相关专业高等教育有一定关系。瑞士本科阶段食品相关专业通常被命名为"Food Science & Management（食品科学与管理）"，会设置在综合性大学的农业类学院或应用科学院中，如：洛桑联邦理工大学应用科学学院、苏黎世大学应用科学学院、伯尔尼应用科技大学农学院等。本节将围绕食品科学类专业的人才培养模式，选取伯尔尼应用科技大学农学院和 T 农学院作为比较分析的个案，研究伯尔尼应用科技大学的教育特点，分析我国应用型高校农科类人才培养模式中存在的问题。

一、T 农业学院与伯尔尼应用科技大学农学院基本概况

1.T 农业学院基本概况

T 农学院是我国以农业科学为优势特色学科的农业类应用型高校，该校目前有十六个学院（部）、七个学科门类、四十五个本科专业及方向，本科在校生人数超过一千人；学校以农业类学科为优势学科，其他学科综合发展，以培养专业的应用型人才为核心目标，为社会培养各类人才。该校从 20 世纪 80 年代就开设食品工程专业，是我国开设食品科学类专业较早的农业类高等院校之一，下文也将以该校的食品科学与工程专业为例，分析其本科层次人才培养模式的现状。

2. 伯尔尼应用科技大学农学院基本概况

伯尔尼应用科技大学（Hochschule der Künste Bern）是瑞士一所公立的应用科技大学，下设几所一级学院，农学院（包括农业、林业与食品科学类专业）就是其中之一。伯尔尼应用科技大学农学院最早始建于 1964 年，目前该学院在校生超过八百名，本科阶段教育开设林业经济学、农学、食品科学与管理等专业。伯尔尼应用科技大学农学院在农学、林业、食品科学、食品经济学领域开展专业化的教育，课程设置比较全面，也注重科学性、系统性，以培养学生的实践技能为目标，已经为该国培养了大批涉农类专业型人才；食品科学与管理专业，是伯尔尼应用科技大学农学院的核心专业，也是瑞士

高等教育中应用型较强的专业，其毕业生大多从事食品研发、营养健康、食品管理等相关工作，在其国内食品行业领域有较强的市场就业竞争力。

二、食品科学与工程专业的人才培养模式

1. 人才培养目标比较

针对食品科学类专业本科人才的培养，伯尔尼应用科技大学农学院与 T 农学院均设置了具体的目标，人才培养中的培养方案制定、课程设置、教学方法、教学评价等也是围绕该目标来执行（见表 4-9）。

表 4-9　T 农学院与伯尔尼应用科技大学食品科学专业本科人才培养目标

学校	专业	人才培养目标
T 农学院	食品科学与工程	通过本科教育，让学生掌握食品科学和食品技术类专业的有关知识与技能，具有一定的专业应用能力和创新意识，能在食品领域从事食品储藏、食品生产管理、质量监管、加工技术培训、经营管理、市场销售等方面工作的应用型高级人才
伯尔尼应用科技大学农学院	食品科学与管理	使学生能够获得必备的食品营养学类的专业知识、实用技术及参与跨学科活动的能力；鼓励和激发学生的个人创造性；培养学生自我反思和评价的能力；培养能从事食品营养学教学、科研、生产管理、食品项目经营等方面工作的人才

来源：根据 T 农学院与伯尔尼应用科技大学食品科学专业本科教育计划整理

在食品科学本科人才培养目标方面，两所学校有一些相同之处：均要求学生能掌握食品科学、生物学、营养学等有关专业的知识；注重培养专业技能和实践能力；均致力于培养能在食品领域内从事食品研发、食品生产管理、质量监管、技术培训、营养学顾问、市场营销等方面工作的应用型人才。两所学校食品科学类人才培养目标也存在一些区别：伯尔尼应用科技大学会在食品专业教育中，注重鼓励和激发学生的个体创造性，培养学生的创造能力，为不同类型产品开发打基础；此外，伯尔尼应用科技大学的人才培养目标也

会结合学生的兴趣和职业导向需求，来实时调整和优化；而 T 农学院的食品科学与工程专业的人才培养目标基本上是固定的，培养能从事研究、设计、生产与管理、技术培训、新产品开发的，德智体美全面发展的食品科学方面的应用型高级专业人才。

2.课程设置比较

T 农学院的食品科学与工程专业在本科阶段的教育中设置了公共类课程、基础类课程、专业类课程、专业选修课程四大类课程；伯尔尼应用科技大学农学院的食品科学与管理专业本科阶段课程，通常被划分为三类，即：基础类课程、涵盖食品营养学类的专业课程、人文社科类课程（见表4-10）。

表 4-10　T 农学院与伯尔尼应用科技大学食品科学专业课程设置情况

学校	专业	课程设置
T 农学院	食品科学与工程	公共课：思想道德修养、马克思主义基本原理、英语、计算机等 专业基础课：高等数学、线性代数、概率论、化学、物理、食品生物化学、食品化学、食品营养学、食品工程原理、分子生物学等 专业课：现代农业技术概论、食品工艺学、现代食品检测技术、食品质量保证控制、食品安全卫生学、食品毒理学、食品标准与法规等 专业选修课：专业英语、食品质量安全、环境食品安全、实验动物学、食品安全动物学实验、食品工厂设计、食品包装学、国际贸易等
伯尔尼应用科技大学农学院	食品科学与管理	基础类课程：生物、微生物学、生理学、物理、数学、统计学等 专业课程与选修课程：营养学、社区营养、食品化学、食品微生物学、食品制作、食品产品开发、食品加工等 人文社科类课程：教育学、沟通学、工商管理、市场营销、国际贸易、计算机、社会学、心理学、公共关系、编辑写作等

来源：根据 T 农学院与伯尔尼应用科技大学食品科学专业本科培养计划整理

按照伯尔尼应用科技大学培养计划，该校学生在第一学年要学习数学、化学、生物、生理学以及微生物学等基础课程和专业理论课程，目的是让学生在自然科学、技术和人文社会科学方面接受基础训练，为学习专业课程、培养学生洞察力和创造力奠定基础。在第二、三学年，学生要完成专业课程、选修课程、专业项目实践、论文，以及人文、社会和政治科学等课程的学习，每个学期都要参加课程考试以及项目考试。此外，按照学校培养计划，学生还要完成约六个月的工作实习和项目实践，目的在于增加专业知识的学习深度，锻炼专业技能和社会实践能力。

通过伯尔尼应用科技大学农学院和 T 农学院食品科学专业的课程设置来看，两所学校存在一些不同之处。其一，与 T 农学院相比，伯尔尼应用科技大学农学院的课程设置数量少一些，并未开设思想政治、计算机、体育等公共基础课程，体现出"少而精"的特点；伯尔尼应用科技大学课程设置综合化程度较高，主要以食品主题，或者以解决食品类的问题为主线组织课程。其二，伯尔尼应用科技大学的食品科学与管理专业课程设置，涵盖了专业范围内职业发展所需的主要知识，如：教育学、沟通学、工商管理、市场营销、国际贸易、编辑写作等，让学生学习跨学科知识，为将来就业奠定基础。其三，伯尔尼应用科技大学课程设置体现出"以人为本"的原则，更贴近学生的兴趣和职业需要，例如：如果学生计划向食品经营管理方向发展，课程会涵盖工商管理、市场营销、经济学等；如果学生对营养咨询顾问、营养教育、编辑等方面的工作感兴趣，会开设沟通学、教育学、编辑学等课程，以供学生研修和学习。

3. 教学方式方法比较

T 农学院食品科学与工程专业的本科教育修业年限一般为 4 年，人才培养环节包括：入学教育与军训、理论教学、课程与学期末考试、教学实践、社会工作实习、毕业论文撰写、毕业教育等多个不同环节（见表 4-11）。该校食品科学与工程专业的本科教育中，理论教学在全部教学安排中所占比例最高，达到了 119 周（全部 198 周），实践性教学、实习合计共有 37 周的时间。

表 4-11　T 农学院食品科学与工程专业全学程时间安排

教学安排及各个环节	各学期的周数安排								总计
	第一学期	第二学期	第三学期	第四学期	第五学期	第六学期	第七学期	第八学期	
入学教育与军事训练	3								3
理论教学	17	18	18	18	18	16	14		119
考　试	1	1.5	1.5	1.5	1.5	1.5	1.5		10
教学实践		1.0		0.5	0.5	1.0			3
科研训练						1.0	1.0		2
课程设计			1.0	0.5	0.5	1.0			3
生产实习							4		4
毕业实习与毕业论文								16	16
运动会及公益劳动		0.5	0.5	0.5	0.5	0.5	0.5		3
节假日及寒暑假	4	6	4	6	4	6	4		34
假期社会实践		1		1		1			3
毕业教育								1	1
合计（周数）	25	27	25	27	25	27	25	17	198

来源：根据 T 农学院食品科学与工程专业培养计划整理

在 T 农学院的本科人才培养过程中，课堂式教学、课程讲授法在教学中仍然占主导地位，课程讲授法能帮助学生在短期时间内获得大量的知识信息，在理论知识传授中具有较高的效率；此外，教师们在课堂上也会运用案例教学法、讨论法、练习法等来完成教学工作。为了锻炼和提高学生的专业技能，T农学院教师会利用设备先进的实验室，通过完成实验、设计食品类课程、实际动手模拟操作等方式，来锻炼和培养学生的实际动手能力。

伯尔尼应用科技大学农学院的食品科学与管理专业本科教育环节则包括：课堂讲授（lecture）、专业实践或实验（practical/ laboratory course），课堂讲授与练习相结合（lecture with exercise）、项目大作业（independent project）、课堂练习（exercise）与案例教学（case）、课堂内、外研讨（seminar）、专题座谈（colloquium）、工作实习、独立学习（revision course/private study）、本科毕业论文（diploma thesis）等。

与T农学院相比，伯尔尼应用科技大学农学院的食品科学与管理专业在教学方式、教学方法方面有其特点，具体可总结为以下几个方面：

其一，专业教育体现出通识教育的理念。目前，我国大多数农业高校均实施通识教育，即：在主修课程之外，开设全校统一性的"公共课程"，再增加一些文理渗透的基础性课程，以实现通识教育的目的。而伯尔尼应用科技大学农学院则不会额外增加统一性的"公共课程"，也未设置专门的通识教育类课程，而是结合职业化特点，通过丰富主修课程的方式，来实现通识教育的理念。此外，学校在教学方法、教学过程中会渗透通识教育的理念，也会注重联合专业的设置、学生可迁移技能的培养，以达到实现通识教育理念的目的。

其二，在培养食品科学类人才过程中，伯尔尼应用科技大学教师会综合运用不同种类的教学方法来完成教学任务。比如，在授课中，教师会较多地尝试案例教学法、行动教学法、团队教学法等，这几种教学方法的运用，通常有利于培养和提升学生的批判思维、行动决策、主动学习、创新意识、团队协作等综合素质，以达到更好地完成教学任务和培养专业人才的目的。

其三，伯尔尼应用科技大学在人才培养中，特别注重实践教学和实践技能的训练。在实践教学和课程讲授内容方面，会给出若干个食品营养学类的题目（Topics）和问题（Questions），让学生通过观察、分类、测算、实践、实验等活动去分析、研究和解决问题；学生在完成所给出的课程题目和实践技能训练中，需要投入较多精力，这有利于锻炼和提高实践技能。除了校内实验和实践教学外，该校也会采取职业训练的方法来丰富实践教学，让学生直接参与到行业领域的工作实践中去，这样不仅能得到实际锻炼，也能提前熟悉工作，为成为未来的"食品行业工程师"做准备。

4. 教学评价管理比较

按照T农学院的人才培养方案，在每门课程完成后，负责授课的教师会通过出勤率、课程论文和课程考试的方式，来评价学生的学习结果；在学期结束后，院系的负责部门会对学生的学习和教师的教学进行评价，评价的主要内容包括：学生课程成绩、出勤率、及格率、教师教学等。学校坚持走"产学研结合"的发展模式，建立了"农副产品加工技术研究中心""农产品研发与成果推广中心""农产品质量检测与实验基地"等，也在校外积极拓展与建设实践教学的基地。T农学院也实施"人才强校"战略，力争建设高水平的师资力量团队，秉承以科学研究促进学校教学的原则，加强国际教育交流，聘请学科领域内的国内外知名专家，以充实本校的科研与教学，为人才培养和科研提供师资保障。

伯尔尼应用科技大学农学院在教学评价方面执行严格的规定，学生在完成课程学习后都要经过严格考核，目的是督促学生掌握专业的知识与技能，为将来就业和科研奠定好专业基础。此外，伯尔尼应用科技大学在对学生实践教学和课外实习进行评价时，会重点参考实习单位机构和社会企业的意见反馈。为了保障高质量教学，瑞士高等教育委员会将学术导向的国立大学与职业导向的应用科学大学进行了整合，建立大学教学和人才培养的联合治理组织；此类联合治理组织通常由高等教育机构大会、大学校长董事会、职业资格认证委员会、行业专家、学科带头人等组成。

在伯尔尼应用科技大学农学院人才培养中的目标制定、教育规划、能力培养、教育评估等方面，高等教育联合治理组织会给出一些参考指导意见，这有利于高校接受广泛的教育管理经验和意见的指导，以便能更好地培养人才。

在教育管理方面，伯尔尼应用科技大学农学院有充分的办学自主权，教育管理中的各项事务均由高校自主管理，政府机构的参与程度较低；行业学术组织，在高校教育管理中处于主体地位，教师、行政管理人员、社会企业代表、学生代表也会参与高校的教育教学管理。伯尔尼应用科技大学与社会行业组织机构、企业联系较为密切，目的是能及时了解行业市场发展状况和人才需求，掌握本专业的最新发展方向、信息和市场行情，以便及时调整专业设置与教学内容，有针对性地为社会培养人才。

三、瑞士伯尔尼应用科技大学农科类人才培养模式的特点

通过伯尔尼应用科技大学农学院食品科学与管理专业本科阶段教育来看，其人才培养模式有一些特点，主要表现在以下几个方面：

1. 课程内容设置与行业发展关联度高

伯尔尼应用科技大学食品科学专业的课程学习内容，涵盖面较为宽广，除了设置食品科学基础专业课程外，会结合食品行业领域的就业情况，涵盖

教育学、工商管理、市场营销、国际贸易、编辑出版等其他学科专业的知识，以扩大学生的知识面和选修课的范围，让学生有机会学习到跨学科的知识，为将来就业奠定宽泛的基础。此外，伯尔尼应用科技大学食品科学与营养学专业的课程内容组织，也会随着食品行业发展的状况去补充和调整，这也体现了课程知识与食品行业市场发展动态密切联系的特点，以便能及时地更新专业学习的知识。

2. 通过多样化教学方法培养综合能力

社会用人单位在招聘时，除了看重毕业生的食品科学专业知识之外，也会看重他们的综合能力，尤其是在工作中会考察他们的独立解决问题能力、沟通能力、团队合作能力、适应能力等。伯尔尼应用科技大学注重采用多样化的教学方式，例如，通过组织学生外出考察学习、课堂讨论、分析案例、模拟实践等形式，来培养和提高学生独立解决问题的能力和沟通能力；通过进行分组讨论、分组实践、小组集体完成作业等形式来培养学生的团队意识，以此来提高学生团队协作能力。此外，该校教师多结合行业发展实际采用案例教学法，以增加教学中的真实感；也会适当运用角色模拟法，让学生进行角色模拟体验，加强对所学知识的理解和运用。对比伯尔尼应用科技大学的做法，我国农业院校在培养食品科学与营养学专业的人才中，有必要积极采用多样化的教学方法，以加强对学生综合素质和能力的培养。

3. 采取教授治学式管理并扩大师资招聘范围

在高校层面的教育管理中，瑞士国家的政府机构参与度较低，伯尔尼应用科技大学农学院拥有较大的自主权。在食品科学专业的本科教学中，主要采取教授治学的原则，权威教授在人才培养中处于主导地位，行政管理人员、社会企业代表、学生代表也会参与教学管理中，这有利于根据食品行业领域最新发展的方向、市场动态、行情信息，及时地调整课程内容设置与教学内容，能更加灵活地培养食品科学专业的人才。

在师资队伍的组建方面，伯尔尼应用科技大学会扩大教师招聘的范围，适当降低对学历学位的要求，采取面向社会招聘教师的做法来丰富师资力量结构。伯尔尼应用科技大学做法也是值得借鉴，我国农业院校的大多数教师都具有较强的专业理论知识，却没有系统地在食品行业从事过相关的工作或生产劳动，这往往会导致教师在实践知识积累、实践技能教学方面存在一定的不足。

4.加强实践教学和实践基地的拓展

食品科学属于专业性比较强的学科，要培养好这类人才，理论必须要和实践相结合，需重视学生实践技能的训练，也需要尽可能多地让学生动手进行专业操作与实验。伯尔尼应用科技大学在食品科学类专业人才培养中，尤其注重对学生实践技能的训练，在实践教学中结合食品行业领域的问题，让学生去实验、研究和分析，以达到训练和提高专业技能和创新能力的目的。除了校内实验和实践教学外，伯尔尼应用科技大学也注重与社会食品行业企业的联系与合作，积极拓展的课外的实习基地，让学生直接参与到行业领域的工作实践中，结合职业训练的方法来丰富实践教学，实际锻炼学生的专业技术应用技能，为将来的社会就业做准备。

第三节　中外应用型农业高校农科类本科人才培养讨论与分析

一、中外高校农科类本科人才培养讨论与分析

1. 人才培养目标方面的异同

H 农业大学农学院、昂热高等农学院、T 农学院、伯尔尼应用科技大学农学院四所院校在人才培养目标方面有一些共同点，即：通过高校教育，让学生掌握与农科类专业有关的理论知识，注重综合素质、专业技能、社会实践能力的培养与提高，让学生能适应专业领域内不同工作，体现出复合型人才培养的倾向。由于中西方国家的农业高等教育发展状况不同，应用型农业高校在农科类人才培养目标方面也存在差异。其一，西方高校注重培养和提高学生的国际化技能水平，为将来从事涉农类国际化工作奠定基础，例如，昂热高等农学院在制定作物种植与栽培专业的人才培养目标时，明确提出让学生养成种植业全球化经营意识，能熟悉国际化企业经营和业务管理等（见表 4-12）。其二，西方国家高校在人才培养目标方面，更贴近社会行业发展，更贴近社会就业，例如，伯尔尼应用科技大学农学院食品科学与管理专业的人才培养目标内容，会根据食品行业领域的发展动态进行调整；昂热高等农学院在人才培养中会要求学生在大学学士学位的学习阶段通过部分行业资格证书的考试。这些都体现出西方高校在人才培养目标方面更贴近社会行业发展和社会就业的特点。

表 4-12　H 农业大学、昂热高等农学院等四院校农科类人才培养目标

学校	专业	人才培养目标
H 农业大学农学院	农学	培养能掌握作物育种与遗传、农作物种子生产、生物科技等有关的基本专业知识与技术的高级专门人才，毕业后能从事农学和生物领域的技术推广、技术培训、科研、管理等方面的工作
昂热高等农学院	作物种植与栽培	学习作物种类栽培、种植业管理、技术运用方面的知识；培养学生的推理能力，应变能力和跨专业技能（包括：交流表达、外语、项目管理、人力资源管理、经营管理等）；养成种植业全球化经营意识，理解国际化企业或国际业务的文化差异影响
T 农学院	食品科学与工程	通过本科教育，让学生掌握食品科学和食品技术类专业的有关知识与技能，具有一定的专业应用能力和创新意识，能在食品领域从事食品研发、食品生产管理、质量监管、加工技术培训、经营管理、市场销售等方面工作的应用型高级人才
伯尔尼应用科技大学农学院	食品科学与管理	让学生具备食品营养学类专业知识、实用技术及跨学科活动能力；鼓励、激发创造性，培养创新意识；培养能从事食品营养学教学、科研、生产管理、食品项目经营等方面工作的人才

2.课程设置方面的差异

中西方应用型高校在农科类专业课程设置方面均涵盖专业基础类课程和专业方向课程，注重让学生进行跨学科专业知识的学习，这在一定程度上也与复合型人才培养的课程要求相符合；但中西方应用型高校总体也存在一些差异，具体如下：

其一，西方高校的课程设置，体现出了范围广泛、与社会行业联系紧密的特点，例如，伯尔尼应用科技大学食品科学与管理专业的课程设置涵盖较为广泛，结合学生的职业发展需求涵盖了工商管理、市场营销、国际贸易、公共关系、教育学、编辑写作等课程，让学生学习跨学科专业的知识。

其二，西方高校的课程知识内容体现出了一定职业化的特点，像昂热高等农学院在大学课程设置中会涵盖行业资格证书考试的内容，让学生在大学学习期间学习和通过行业资格考试，为将来的社会就业做准备，而国内应用型高校在农科类人才培养中，课程计划中针对行业资格证书考试内容来设置

的做法，则并不多见。

其三，西方高校的课程设置中，实践教学和工作实习课时所占的比重较大，H 农业大学植物科学与技术专业的课外实践和工作实习的用时为十周左右，而昂热高等农学院农业贸易管理、作物栽培、国际农业等专业的课外实践和工作实习用时均超过了二十周。此外，西方高校的课程学习内容与实践内容，会根据社会行业组织的发展动态、市场信息、行业企业的问题进行实时更新，而国内的应用型高校在农科类人才培养中的课程内容更新设置上缺乏一定的实效性，与西方高校相比，课程内容设置和更新，都与社会行业的发展状况缺乏密切的联系。

3. 教学方式方面的差异

在教学方式方面，中西方应用型高校在农科类人才培养过程中，均注重采用多种类型的教学方法，例如：H 农业大学农学院和 T 农学院的教师采用课堂讲授法、案例教学法、启发式教学法、讨论法、实验实训法等方式完成知识传授和专业技能训练等教学工作；像昂热高等农学院和伯尔尼应用科技大学农学院采用任务型教学、启发式教学、案例教学、问题发现式教学、分组讨论学习法等不同的方式以培养应用型的农科类人才。但针对农科类人才培养，中西方应用型高校在教学方式与评价方面存在一些不同。其一，西方应用型高校的教学评价主体较为广泛，关于人才培养中的教学内容、方法、目标等方面的评价，注重参考社会行业发展和用人单位的参与和反馈意见，而国内应用型高校的教学评价则缺少社会行业组织和用人单位的参与。其二，我国的大多数农业高校也在注重实施通识教育，除了开设专业类课程外，通过开设一些公共类课程和文理渗透的基础性课程，以实现通识教育的目的；而西方应用型高校在农科类人才培养过程中，则通过实施专业教育来体现通识教育的理念，例如，伯尔尼应用科技大学农学院则不会额外增加统一性的"公共课程"，而是结合社会职业化特点，通过丰富主修课程的方式，来实现通识教育的理念。其三，在应用型人才培养中，西方应用型高校更加注重产学研合作和科研产出，例如，昂热高等农学院在农科类专业的本科教学中，旨在把知识生产、社会行业单位合作、培养学生三者结合起来，提高农科类的专业技能和职业能力，使学生成为农业领域的"专业精英"。

4. 教育管理方面的差异

通过对上述国内外应用型高校农科类本科人才培养模式的对比分析后得出，中西方应用型高校在教育管理方面存在一些差异。

其一，在高校内部的教育管理中，西方大多数高校采取"教授治学"的模式来进行，一般由学科专业领域内的权威专家教授来负责组织和牵头，让学科教师、教务管理人员、学生代表参与到教育教学管理中，必要时也会让校外的社会行业组织、企业用人单位参与到人才培养中，这种教学管理做法在我国农业高校并不多见。

其二，为了保障农科类应用型人才培养所需的师资力量，西方高校通过各种方式来丰富师资队伍的建设，例如：努力打造"双师型"教师队伍，聘用多元学科背景知识的教师，面向社会行业领域的企业组织选聘实践经验丰富的工作者，这些做法值得借鉴。像伯尔尼应用科技大学农学院在招聘教师时，会适当降低对学历、学位的要求，面向社会选拔和聘用食品行业领域内的企业家、成功的创业者、食品创新工作者到学校任教，体现出"不拘一格"选聘优秀人才的做法，这在我国大多数农业类高等院校的师资队伍招聘中也不多见。

其三，西方国家的高校通常比较注重与社会企业的紧密联系与合作，像法国的昂热高等农学院拥有超过一千家能为该校提供课外工作实习的企业单位，而且遍布法国内外，无论从实习单位的数量还是与社会企业联系的紧密度来看，我国的农业类高校目前还未存在较大不足。

二、我国应用型农业高校在农科类本科人才培养中存在问题

基于上述四所国内外高校的农科类人才的培养模式现状，并在对比分析了中西方高校在人才培养目标、课程设置、教学方法、教育管理等方面差异的基础上，对国内应用型农业高校存在的一些共同问题进行了总结，这些问题不仅在 H 农业大学和 T 农学院里存在着，也或多或少地在其他农业高校里存在着，具体如下：

1.人才培养方案缺少社会组织参与

西方国家高校的农科类人才培养目标，特别注重让社会企业来参与。例如，昂热高等农学院的作物栽培与种植专业在制定人才培养目标和课程教学计划时，会参考社会企业的人才聘用要求，并结合企业所遇到的种植技术、农业生产、经营管理和行业发展动态等问题来定期调整和补充。与西方国家高校相比，我国农业类高校本科阶段的人才培养方案，无论是制定还是修订，明显缺少行业组织、涉农类企业、科研机构的有效参与；虽然个别专业的人才培养方案制订时，也会咨询一些科研组织的意见，但由于种种原因行业组织的参与缺乏一定的深度。在此情况下，我国高校本科阶段人才培养方案的制定，必然会被限定在政府高等教育管理机构和高等院校自身的视野范围内，容易导致人才培养方案缺乏完整性。农业高校人才培养方案的制定与优化过程中，由于缺少社会行业组织的参与，致使人才培养的目标，很难与社会行业发展和企业人才需求完全匹配；人才培养的规格、课程内容设置、教学过

程，要完全符合社会用人单位人才需求与标准，也存在一定的难度。

2. 人才培养目标存在趋同性

定位于应用型人才培养为主要目标的农业高校大多倾向于培养全面发展的专业应用型人才，这样会导致所培养的人才存在较大趋同性，例如，T农学院农科类专业的人才培养目标，与国内其他农业类应用型高校基本相同，从人才培养的规格以及对人才的知识、能力和素质要求方面也没有太大差异。目前，国内农业高校所培养的人才规格相似性较高，而社会就业市场渴求的人才是多层次性、有差异化的，这样就导致人才供需之间出现一定的矛盾现象。此外，国内很多高校倾向于将学校办成综合型大学，H农业大学也存在向综合型大学发展的倾向，这也容易偏离本科院校应有的服务于区域经济和社会发展的办学目标，也会影响农科类专业人才的培养。

3. 实践教学功能与作用不强

专业操作能力、实践能力，是农科类专业毕业学生走向社会所需的必备技能。在大多数农业高校本科人才培养中，"理论性"课程在人才培养方案中仍占有较大的比重，这往往会导致对实践教学、社会实习的重视程度不够，也容易出现重"理论"轻"实践"的现象；重"理论知识"轻"实践技能"的课程观也会产生重"教"轻"学"的教学偏向，会导致对实践教学重视程度不够，进而导致学生的专业技能得不到足够的训练与培养。具体表现在：其一，如果课程理论的学时、学分在人才培养中所占的比重偏大，那么实践教学课程的学分、学时数则会达不到高等教育的规定标准，实践教学则会相对薄弱；其二，大多数农业高校的实践教学未能形成一个科学、系统的实践教学体系，在理论课程教学所占比重高于实践教学的情况下，则无法体现应用型人才的专业技能、创新意识、创新能力的培养目标；其三，在人才培养方案中，很多专业虽然设置了实验类课程，但总体来看验证性的实验偏多，设计性和创新性的实验偏少，不利于学生们创造意识、创新能力和社会适应能力的培养。

4. 教学评价主体和标准待优化

国内农业高校在人才培养教学评价方面，还存在一些问题：其一，评价功能不全面。教学评价的内容仍集中在教学活动的结果方面，如：学生的课堂成绩、考试成绩、教师的教学成绩等，却忽视了对学生和教师在教学过程中的进步状况、努力程度的动态评价。其二，评价的标准待优化。在人才培养中，大部分农业高校里仍存在以对掌握知识多少的评价来代替对综合能力评价的误区，过于注重对学业成绩的判断，而对学生在教学过程中的创新能力、实践能力等是否得到提高的评价，则容易被忽略；此外，也有个别高校会评价学生的能力培养的状况，但缺乏统一的规范标准和评价体系，因此很难有效地评价学生综合能力的发展状况。其三，评价的主体较为单一。高校教学中的评价，主要是在学校范围内进行，是由教育主管部门、授课教师、辅导员进行评价，而社会机构组织、科研单位、企业、第三方评估机构等则很少参与，这样就导致评价的主体相对不全面，有待进一步补充。

5. 实践教学质量缺乏有效的保障

完善的实践教学质量保障体系，能对实践教学的总体计划目标、实践活动的实施、总体效果的评价判断等各环节提供一定的监管与保障，也能帮助监督既定人才培养的理念和目标是否得到了有效地贯彻和落实。国内大多数农业高校在实践教学的质量保障方面还存在不足，甚至有的高校还并未建立完整的实践教学质量保障体系，也没有单独成立专门的部门来监督管理，而只是由各院系的行政管理人员、任课教师或辅导员来监管；也有的高校建立了相对完整的实践教学监管体系，但未对实践教学的效果和质量实施严格的管理，导致高校实践教学的总体效果一般，也未达到预期的标准。针对高校在实践教学质量保障体系存在"墨守陈规""一成不变"的现象，需要对实践教学保障进行优化，有必要构建和完善高校的实践教学质量保障体系。

6. 农科类国际化人才培养相对不足

在经济活动趋向全球化的今天，现代农业内涵在不断扩展，涉农类跨国经营的企事业单位数量在不断增加，涉农类国际企业将面临的国际竞争也越来越激烈；这些涉农类跨国经营企业对相关从业人员的国际视野、国际意识、商贸法规、风俗习惯、适应能力等方面的要求也越来越高。高等教育国际化已成为高校的一个发展方向，农业高等院校也应注重发展国际化教育，以培养各层次学生（包括本科生在内）的国际化综合能力。然而，我国大多数农业类高校，还并未把本科类人才的培养放在教育国际化这个大环境中去实施，具有国际化能力的农科类人才数量，与涉农类跨国经营单位的需求存在一定的差距。虽然有部分农业高校在实践与探索国际化教育的交流与合作，但与西方国家相比，从国际化课程设置、多语种教学、多语种专业教育、海外实践教学等方面，国内的农业类高等院校国际化教育水平仍存在较大差距，国际化人才的培养存在较大的欠缺与不足。

三、存在问题的原因分析

1. 主管教育部门与高校的管理权责范围调整不到位

目前，国内高校主要由国家政府教育部门来负责管理，此模式有利于执行统一的教育标准，便于统筹教育的全局，所采取方针政策也适应社会发展对高等教育规模化发展的需求。但也存在一些问题，在该管理体制下，主管教育部门涉及的管理范围较广、管理幅度大、管理事务过多，甚至高校各类教育、教学中的管理也有教育主管部门的参与，致使高校作为独立办学机构的管理自主权并未获得重视，高校在招生、教学规划、学科制定、专业调整等方面也缺乏一定的自主权利，进而会导致高校无法及时地根据行业发展动态和社会人才市场需求的变化，对人才培养和教学进行调整，使得学科调整、教育办学、专业优化等与社会发展实际状况存在不相适应的问题，进而对高校的整体竞争力和市场适应能力造成了一定影响。

2.教育管理缺乏社会第三方参与

目前，我国高校教育管理中，社会第三方组织参与较少，无论是高等教育方针的规划、宏观政策制定，还是人才培养中的学科专业调整、教学评价与管理等，社会机构组织均参与不多。随着现代农业发展和人才市场的不断变化，农业类高等院校的人才培养目标也要相应调整，但由于缺少社会行业组织的参与，高校所培养的人才与社会用人单位的需求不完全匹配。在培养方案制定或教学评价中，虽然也有农业高校咨询一些社会用人单位意见，但由于用人单位的整体参与度不高，人才培养方案调整、教学方式和评价标准容易被限定在高等教育管理机构和高校的视野范围内，则会导致课程教学偏向理论化，致使学生的实践能力、实际动手能力、职业能力、社会适应能力培养存在不足，与社会需求存在一定差距。

3.高校实践教学和课外实习保障不足

校外实践基地是学生将理论知识与工作实际相联系的重要场所，同时又是高校和企业开展科研技术交流和合作的重要窗口。与西方国家相比，我国应用型农业高校在校外实践基地建设方面存在不足。此外，西方国家高校的学生若赴海外工作实习，不但有相应的海外实习单位接纳，也会有一定费用支持。但在我国，由于国情、高等教育发展状况、教育管理等方面的种种因素的制约，目前还无法为农科类学生赴海外开展工作实习提供足够的支持与保障。

本章小结

我国应用型农业高校是培养农科类专业应用型人才的重要机构，也是农科类复合型人才培养的重要"单位"，在与国外应用型高校农科类人才培养模式进行对比和分析后发现，国内应用型的农业高等院校在农科类复合型人才培养中还存在一些问题，如：人才培养方案的制定缺少社会行业组织的参与；高校的人才培养目标存在趋同性；理论性课程占主导；教学评价主体相对单一；对学生创新能力培养存在不足；实践教学质量保障与农科类国际化人才培养存在不足等。

国内应用型农业高校存在的这些问题，会对农科类复合型人才培养产生一定影响，需要从人才培养目标调整、培养政策、培养方案、教学管理、师资力量建设等方面进行优化，方能更有效地开展农科类复合型人才的培养工作。

第五章　新时代农科类复合型人才需求
与培养现状分析

在人才培养过程中，作为人才"使用者"——社会用人单位的人才需求、人才标准反馈与评价，容易被忽视，在高校人才培养方案制定、课程教学与评价等方面，社会用人单位也参与不多。用人单位对毕业生的知识、素质和能力的反馈与评价，是人才培养工作的一项重要参考标准，在本研究中，将对随机选取的部分涉农类用人单位的招聘信息进行调研与分析，以获取用人单位对农科类本科人才的需求及聘用标准。同时，对部分国内农业高校农科类复合型人才培养模式的现状进行调研，以发现农业高校在人才培养中存在的问题，为探究如何有效培养农科类复合型人才奠定基础。

第一节　涉农类企事业单位人才需求分析

目前，现代农业在向多元化方向发展，例如：农业生态经营、农业文旅、数字化农业等，这些领域的涉农类用人单位需要各种农科类人才作为支撑。随着"乡村振兴战略"的提出与实施，农业可持续发展、产业兴旺、共同富裕等方面也需要"农业类人才"的支撑与参与；"三农"问题是乡村振兴的重中之重，农业及相关产业的可持续发展涉及作物种植生产、农产品加工、农产品销售、农业服务等环节，这就需要既懂农科类技术，又熟悉产业化发展经营与管理的人才。涉农类用人单位对农科类人才的需求与标准，对农业类高校的人才培养工作有一定的参考意义，有必要参考社会人才市场的需求与变化，对人才培养模式进行改革和优化。

一、人才需求调研

为充分了解涉农类企事业单位对人才的需求，笔者在 2016 年至 2017 年间选取了 100 家涉农类企事业单位进行调研，用人单位类型有：国营企业、民营企业、合资企业、科研机构、高等院校、其他事业单位等，其中，涉农类跨国经营企业涵盖在国营企业、民营企业和合资企业里。在调研中，主要采用调查问卷和访谈的形式，对所选取的 100 家单位的人才招聘信息与需求进行调查。问卷发放对象涵盖：招聘主管、人力资源招聘专员、农业项目负责人、经理助理等；问卷内容将围绕用人单位对聘用农科类人才的专业背景、知识、素质和能力等要求来组织，共设置 10 个问题，采取客观与主观题目相结合的原则，让企业的负责人按实际情况作出回答和提出建议（参见附录一）。问卷调查将采用纸质版与电子版相结合的方式，共计发放调查问卷 300 份，其中回收问卷为 257 份，经过甄别后，有效问卷为 237 份，有效率为 92.2%。所涉及的 100 家用人单位中，北京有 64 家，其他城市的包括省外的有 36 家。

此外，从这 100 家用人单位中又选取 20 家用人单位作为访谈的对象企业，在访谈过程中，将用人单位的招聘经理、招聘主管、HR 招聘专员、经理助理等列为访谈的重点对象；访谈的主要内容包括：企业基本概况、招聘的涉农类职位名称、对应的岗位职责，企业对所聘用人员的专业背景要求、知识结构、能力、素质等方面的要求信息（参见附录一）。

二、调研信息提取

通过对涉农类用人单位进行问卷调查，以及对相关人员进行访谈后，将所获取的用人单位的招聘信息、人才需求、对农科类毕业生评价、人才培养建议等信息进行提取与统计，作为重要的实证研究资料。在对资料信息整理过程中，将重点关注与农业有关的招聘职位信息，如：农业技术类、涉农项目管理类、市场类、涉农研究类、涉农生产类、信息咨询及服务类等，并将用人单位的招聘职位名称及对应的任职要求进行整理与分析，部分涉农类用人单位的招聘信息（见表5-1）。

表 5-1 部分涉农类用人单位的人才需求及招聘信息

招聘单位	招聘职位及职责	招聘任职要求
北方某农业大学	招聘职位：种子科学研究助理 任职要求： 1.本科及以上学历，遗传育种、种子科学、植物栽培等专业景 2.工作认真，有团队合作意识，良好的沟通表达与人际交往能力 3.计算机操作熟练，英语基础良好 4.身体健康，热爱农业，爱岗敬业	招聘职位：分子检测科研助理 任职要求： 1.本科及以上学历，农学、遗传育种、生物学等相关专业背景 2.爱岗敬业，计算机熟练，能驾驶车辆 3.有进取精神和团队意识，沟通能力强 4.具有一定人际交往能力，吃苦耐劳，身体健康，适应农田工作和室外作业
袁隆平农业高科技股份有限公司	招聘职位：水稻技术人员 任职要求： 1.本科及以上学历，农学、作物种植、种子科学等相关专业 2.能处理水稻领域相关问题 3.身体健康，爱岗敬业，有团队意识 4.良好的英语沟通表达能力	招聘职位：蔬菜技术人员 任职要求： 1.本科及以上学历，农学、作物种植、植物栽培等相关专业 2.能独立处理蔬菜领域相关问题 3.热爱农业，身体健康，有团队精神 4.英语基础良好，具备一定沟通能力

招聘单位	招聘职位及职责	招聘任职要求
中天控股集团有限公司（斯里兰卡）	招聘职位：农业技术师 任职要求： 1.本科或以上学历，园艺、种植栽培、植保、农学相关专业 2.身体健康，有团队意识，具有农业种植栽培经验者优先 3.具有大型农场茶树、茶叶加工、蔬菜与水果种植经验 4.熟练使用计算机，外语应用熟练	招聘职位：农业项目经理 任职要求： 1.本科及以上学历，农业经济、国际贸易或其他农科类专业 2.具备组织管理能力，沟通能力强，熟悉农业生产与管理、国际贸易规则者优先 3.具有一定英语基础，能熟练使用英语交流 4.热爱农业，有较好的身体素质，有责任心，良好的团队意识，能承受工作压力

来源：根据调研资料整理

三、涉农类企事业单位人才需求分析

在对涉农企事业单位人才需求进行分析时，本文主要运用文本分析法和内容分析法来开展。分析的内容，主要围绕所选定的100家涉农类企事业单位的类型、职位分布情况、岗位职责、岗位任职条件（含专业知识、素质、能力）等。

1.单位类型及职位分布情况

笔者所选取的100家涉农类企事业单位的类型较为多样化，包括：国营企业、民营企业、合资企业、科研机构、高等院校、其他事业单位等。对这100家涉农类企事业单位进行了统计与整理，其中，民营企业在其中所占的比重最高，占到46%；国营企业次之，占到了28%；合资企业、科研机构、高等院校、其他事业单位则占的比重不高，四者加起来共占到26%（如图5-1所示）。在民营企业与国营企业中，从事跨国涉农类项目经营的企业，也占有一定比重，共有30家企业，这是因为受经济全球化和我国的"一带一路"倡议的影响，越来越多的涉农类企业积极响应国家号召，通过各种方式开始"走出去"，在海外投资和经营农业项目。

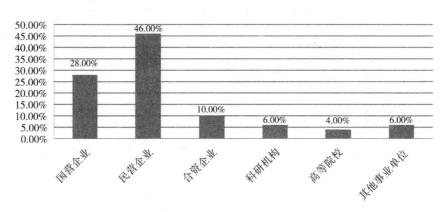

图 5-1　涉农类用人单位类型分布百分比

来源：根据调研资料整理

通过对 100 家涉农类企事业单位的招聘信息分析，共有 374 个招聘职位信息，这些招聘职位信息可划分为不同的类型，有农业技术类、涉农项目管理类、市场类（含国际贸易）、涉农研究类、涉农生产类（含农产品开发）、信息咨询及服务类等。在这 374 个招聘职位中，农业科技类的招聘职位数量最多，共有 147 个（如图 5-2 所示）；市场类（含国际贸易）有 87 个；项目管理类有 55 个；其他涉农类的招聘职位也有涉及，但总体数量不多。通过分析，农业科技类的人才，在涉农类企事业单位的招聘需求数量中占大多数；市场类人员（含国际贸易）和项目管理类人员，在涉农类用人单位需求中也占有一定的比重；其他涉农生产类（含农产品开发）、涉农研究类、信息咨询及服务类的人员，在涉农类企事业单位的人才需求数量中则相对不高。

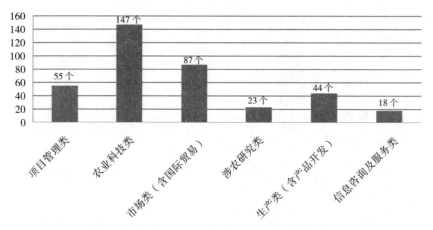

图 5-2　涉农类用人单位招聘职位的数量分布

来源：根据调研资料整理

从涉农类企事业用人单位的招聘职位信息、岗位职责与任职条件来看，用人单位对农科类人才或农科类毕业生的教育背景、专业知识、素质、能力等方面均有一些较为具体的要求，并且存在一定的相似性。

2. 对知识方面的要求

涉农类用人单位所需要的农业相关人才，通常要求能具备农科类相关专业的教育背景，比如：农学、作物种植、植物保护、资源与环境、作物栽培与耕作、农作物病虫防治、土壤学、动物科学等专业。除了要求应聘人员具备扎实的农学类专业基础知识之外，还要求他们熟悉或掌握其他不同学科及专业的知识，如：经济管理类、贸易类、市场营销、农业经济、食品科学、食品安全、粮食工程、英语、计算机等方面。

表5-2　涉农类用人单位农业人才需求所涉及的学科专业

学科门类	类别	专业
农学	植物生产类	农学、种子科学与工程、植物科学与技术、作物种植、园艺学、应用生物学等
	自然保护与环境类	资源与环境、水土保持与防治、植物保护、生态学、土壤学等
	动物生产类	动物科学、动物医学、牲畜疾病防治、病虫防治等
管理学	工商管理类	工商管理、市场营销学
	经济管理类	农业经济学、农业经济管理
经济学	经济与贸易类	国际贸易、经济学
文学	外国语言文学类	英语、汉语言文学
工学	食品科学与工程类	食品科学与工程、食品质量与安全、粮食工程

来源：根据调研资料整理

通过表5-2看出，涉农类企业，对应聘人员的教育背景和学科专业知识方面的要求，涉及不同的学科与专业，即：农学、管理学、经济学、文学、工学等；所聘用的人员也倾向于那些能具备较宽的知识面、能掌握多门学科专业知识、能做到各种知识互相渗透和融合的综合型人才。

3. 对素质方面的要求

素质通常被划分为两个方面，即：身体素质和心理素质，在对涉农类企事业单位的招聘信息进行统计与整理时发现，大多数的用人单位对聘用人员的素质提出了较为明确的要求，可参见案例5-1。

案例5-1：XCF，担任北京某农业投资有限公司的人力主管经理，主要负责公司的人力资源招聘工作。该农业投资有限公司是国内一家大型的投资和经营农业类项目为主的合资企业，其主要投资的项目领域涵盖设施农业、籽种产业、观光休闲农业、农产品加工、高科技农业、生态农业等，每年均招聘一定数量的农科类毕业生。在对XCF经理进行访谈时，他简要地介绍了公司在聘用农科类项目技术人员时对应聘人员的素质方面要求，具体为：要求具有良好的团队合作的意识，能够协同工作；具有良好的职业道德素养，工作积极负责；为人要讲诚信、爱岗敬业，有责任心；工作方面能积极主动，能吃苦耐劳，热爱农业，身体健康，能适应农田工作、室外作业，或者能适应长短期的出差工作等；此外，心理素质良好，具有自我调节意识，遇到困难能具备一定的抗压和调节能力等。

在对其他涉农类用人单位关于农科类毕业生的聘用条件进行统计时，这些用人单位对应聘者的素质、职业道德、职业态度等方面的要求具有一定的相似性，素质方面的要求内容主要包括：身体健康或身体素质较好，能适应农田工作、室外作业、适应出差等；能吃苦耐劳、热爱农业、乐于服务三农；爱岗敬业，具有良好的团队合作精神；心理素质好，能承受一定工作压力；工作积极主动、认真负责、踏实严谨；为人诚信、有责任心，具有较好的职业道德素养和团队协作精神；做事有计划、有原则，好学上进，具有良好的策划意识和独立思考问题的习惯等。

此外，结合对涉农类用人单位招聘负责人的访谈内容进行整理与统计发现，用人单位对应聘人员的素质所包含的各项内容有着认可率高低的问题，从高到低依次为：诚实、勤勉、有责任心（41.2%）；身体健康，能适应户外工作和出差（37.8%）；良好的心理素质，能承受一定工作压力（31.2%）；敬业，有良好的职业道德和团队合作精神（27.8%）；热爱农业，适应农业和农村工作（24.3%）；工作积极主动，热情、严谨（21.3%）。

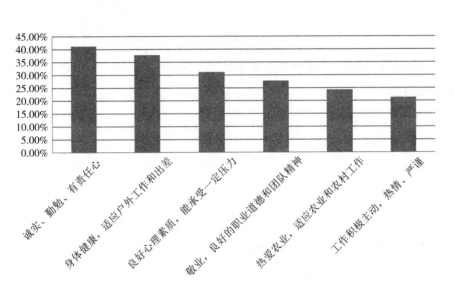

图 5-3　专业素质认可率（按从高到低顺序）

来源：根据调研资料整理

通过图 5-3 来看，诚实、勤勉和有责任心，是涉农类用人单位在人员招聘时比较看重的基本素质；像身体健康、能适应户外工作，良好的心理素质、能承受一定压力，具有良好的职业道德和团队精神，也是涉农类用人单位对人才素质的重要要求。

4. 对能力方面的要求

能力是涉农类企事业单位在选拔和招聘时的一项重要参考标准，通过对调研资料的整理来看，几乎每家用人单位都对聘用人员的能力提出一些具体的要求和条件，笔者从这三十家访谈对象的企业中，随机选取了一家涉农类跨国经营的企业，并将该企业对聘用人员能力的要求以案例的形式进行呈现（参见案例 5-2）。

案例 5-2：PJC，目前担任北京某能源投资有限公司（纳米比亚）的人力招聘经理一职，主要负责该公司的人力资源招聘工作。该能源投资公司总部在国内，起先是一家以地质勘探、水文、市政工程、建筑业为主的企业，自2011年开始响应国家"走出去"的号召，赴纳米比亚开始投资并经营畜牧业、农作物种植、农产品开发、农产品贸易等项目。在访谈中获悉，针对农科类人才，该企业主要招聘作物种植技术员与农业项目经理的人员。对聘用人员的能力要求方面，PJC经理提出这几个要求：具有良好沟通表达能力、学习能力；具备一定组织协调能力、分析判断能力；有创新意识和能力，具备一定的发现问题和解决问题的能力；能驾驶车辆，具有良好的英语或德语的听、说、读、写能力；有类似的海外工作经验者会优先考虑。

对其他涉农类企事业单位的招聘信息和资料进行整理后得出，这些用人单位对所聘用人员能力方面的要求主要包括这些内容：一定的组织、协调与管理能力；较强的语言表达能力，思维敏捷，有良好的沟通能力；有良好的人际交往能力、团队协作能力，能独立解决工作中的问题；具有良好的公文写作能力，能准确描述产品的特征；良好的英语听说读写能力；能熟练使用计算机及软件；会驾驶车辆等。

此外，将涉农类企事业单位对聘用人员的能力要求进行归类与整理，并进行统计后发现，这些用人单位对聘用人员的各项能力要求的侧重程度存在高低顺序上的差异（如图5-4所示），其侧重程度按从高到低顺序依次为：良好的沟通和人际交往能力（58.2%）；团队合作能力（51.7%）；组织、管理和协调能力（47.1%）；能熟练使用英语或其他外语，良好的听、说、读、写能力（41.3%）；思维敏捷，解决问题的能力（36.7%）；能驾驶车辆（31.2%）；具有基本的公文写作能力，熟练使用计算机（26.5%）。农科类毕业生是否具备良好的沟通和人际交往能力，是用人单位较为看重的一项能力；团队合作能力，组织、管理和协调能力，是用人单位聘用时的重要内容；熟练使用英语，具备一定解决问题的能力与写作能力，能驾驶车辆，熟练使用计算机等，也是用人单位在评价应聘人员的能力时的参考标准。

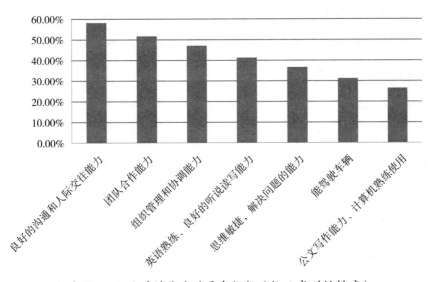

图 5-4　职业关键能力的需求指数（按从高到低排序）

来源：根据调研资料整理

四、用人单位对农科类人才需求概括

基于上述分析，涉农类企事业用人单位对所招聘的人才有一些具体要求：

其一，身体健康，身体素质较好；敬业爱岗，良好的团队合作精神；心理素质好、能承受工作压力；工作认真负责，为人诚信、有责任心，具有良好的职业道德素养和团队协作精神等。上述内容也均属于职业素质的要求范围，职业素质是求职者竞争的一项必要条件，已成为涉农类用人单位招聘农科类人才的重要标准之一。

其二，涉农类用人单位对聘用人员要求中的组织管理能力、协同协调能力、沟通能力、解决问题能力、外语应用能力等，通常属于职业关键能力的范畴。职业能力是涉农类用人单位对应聘人员是否能胜任工作的一项重要参考标准，也是应聘者参与竞争的重要条件；职业能力的高低通常也直接反映了高等院校所培养的人才是否胜任社会的岗位工作，也是评价高校培养人才工作是否获得认可的一项重要标准。

其三，用人单位对所需人才要求能够掌握多门学科专业知识，宽广的知识面、各类知识能相互交融、融会贯通，这恰恰也是复合型的人才的要求标准之一，这对高校人才培养以及大学教育提出了较高的要求，也是高等教育工作的一个趋势。

总体来看，涉农类企事业用人单位的人才需求为：能掌握多种农科类相关专业知识，要有宽阔知识面、宽厚基础，多种学科知识融会贯通；身心健康，有较高综合素质；能具备一定的组织管理能力、沟通表达能力、解决问题能力、社会适应能力等各种能力，这也与"复合型人才"的要求相贴近。由此看出，针对农科类毕业生的聘用，涉农类用人单位倾向于聘用"综合型""复合型"人才，农科类复合型人才，也将是大多数社会用人单位在聘用农科类人才时重点考虑的类型。

第二节　高校农科类复合型人才培养现状分析

一、国内农业高校农科类人才培养模式基本概况

根据教育部在 2017 年发布的《全国教育事业发展统计公报》数据显示，全国共有一千多所普通本科院校，其中，农业类高等本科院校有四十所，截

至 2018 年年底，全国农业类普通本科院校的数量变化不大，这些农业类高等院校是培养农科类专业各类人才的主要学校。根据发展定位、目标层次、办学类型等标准，全国的高等农业本科院校可划分为研究型、综合型、应用型和都市型等不同类型，研究型农业高校有中国农业大学、南京农业大学、华中农业大学等大学；综合型农业高校则有山东农业大学、安徽农业大学、H 农业大学等高校；都市型农业高校大多数属于应用型的高等院校的范围，本文将两种类型的农业高校归类到一起来进行分析，目前国内的都市型和应用型的农业高校有北京农学院、T 农学院、吉林农业科技学院、信阳农林学院等院校。此外，还有一些非农业类高等院校，也开设了农业类的专业和培养农科类的人才，例如：浙江大学、江苏大学、吉林大学等高校。

我国大部分的农业高校和非农类高校在农科类本科复合型人才培养模式中，均进行了积极的探索与实践，部分高校的人才培养模式已经初见成效，下面简要地介绍几所高校的人才培养模式。

1. 中国农业大学："平台 + 模块"培养模式

该高校按照环境科学与工程类、食品科学与工程类、农业工程类、生物科学类、电子信息类、经济学类、工商管理类等 15 个大类进行招生，学生进校时不分专业，经过基础平台课程学习后，学生再结合个人兴趣、爱好、就业意愿等因素选定学习的专业方向。"平台"是根据学生共性发展特点和学科的特色，由通用性学科或专业的相关基础知识课程组成，分为公共基础类、学科基础类和专业基础类 3 种体系平台，涵盖思想道德类、体育素质类、基本知识与工具类、专业基础类、专业主干类等不同类别的课程；学生通过所设立的平台类课程学习，为专业方向课程的学习打好基础。"模块"主要是根据专业发展趋势来构建，涵盖了专业类课程、专业方向类课程、专业选修类课程、跨学科门类选修课程、专业技能培养计划课程等，以体现专业特色以及学生个性要求，实现"分流式"培养。

2. 华中农业大学：两段式复合型培养模式

华中农业大学本科阶段的学制通常为4年，人才培养模式实行的是"2.5+1.5"或"3+1"的两段式复合型人才培养模式。以"2.5+1.5"为例，学生在前两年半的学习中按专业类群进行共同基础和专业基础的学习，后面一年半进行专业教育，并按"模块"的形式开设一些选修类课程，让学有余力的学生选修课程或辅修不同的专业。学校坚持通识教育与专业教育相结合，注重因材施教，注重人才培养模式创新、专业综合改革与课程建设，并为跨专业教育建构学科交叉融合的课程体系。学校坚持不断提升教学质量计划，实行课堂讲授与学生主动学习、案例教学、探索式教学、问题发现式教学等多种教学方式；同时，也在不断完善与特色鲜明的研究型大学目标相适应的本科教学管理体制，力争为学生提供优质、共享、开放的教学资源平台。

3. 浙江大学：知识、能力、素质、人格四项并重培养

针对本科阶段的人才培养，浙江大学目前实行知识传授、能力培养、素质提升、人格塑造并重并进的教育模式，让学生能具备宽厚基础，具备卓越社会适应能力，拥有较高综合素质和健全的人格。该校在教育理念方面，注重强化通识教育基础地位以打好宽厚基础；专业核心课程设计不断优化并贴近行业发展，以突出专业教育；拓展交叉人才培养路径，注重交叉学科知识教育等。在具体人才培养过程中，加强启发探究式的课程教学，丰富以文体竞赛、学生社团活动、学术交流等为载体的校内实践；加强并拓展社会实践教育、创新创业教育，增强国际交流、海外研修、联合培养项目，以便培养国际化人才。此外，引入"慕课"教学、"翻转课堂"等模式，根据课程教学

和学科特点，因地制宜建设多门跨学科类课程，打造线上学习与线下教育相互结合的教学平台，以便于提高教学效率。

4.H 农业大学："311"培养模式

H 农业大学围绕"厚基础、宽专业，高技能、强能力"的办学思想，坚持以立德树人为根本任务，着力培养具有创新创业精神和较强实践能力的、复合应用型的高级专业人才。学校始终坚持实践育人理念，在本科教育中实施"311"的人才培养模式，所谓的"3"是指：通过基础课程和专业基础课程的学习以强化专业基础知识，通过英语、信息技术和创新教育等教学，强化学生的基本技能、实际应用能力和创新意识的培养与提高，强化学生科学素质、人文素质、身心素质等方面的培养；两个"1"分别为浓缩专业课程教学和强化实践教学，浓缩专业课程教学是指压缩专业课时的教学、增加选修课和方向选修课，强化实践教学则是指通过实践教学来培养和提高学生的创新能力和实践能力。H 农业大学有严格的教育教学管理制度，课程设置以就业为导向，实施学分制管理，让学生根据个体的爱好和兴趣选修不同方向的课程，以实现农科类人才培养的多样化和个性化的特点。

总体来看，上述几种人才培养模式是目前我国高校具有代表性的农科类复合型人才培养模式，对培养拥有宽厚学科基础、具备多种学科知识、综合素质高、德、智、体、美、劳全面发展的农科类人才均有一定积极作用，也与复合型人才的培养目标有一定的契合性。鉴于在农业高等教育改革中实施的时间总体不长，况且人才培养模式和方法也是在不断发展和变化，上述几种人才培养模式是否适合农科类复合型人才的培养，仍需要在人才培养实践和社会人才市场中去进一步检验。

二、教师、教务人员对农科类复合型人才培养现状的反馈

笔者分别对中国农业大学、浙江大学、H农业大学、T农学院四所院校的部分本科教务管理人员和专业授课教师进行了深度访谈，共计二十人。针对授课教师所进行的访谈与问卷调查，内容主要包括本科人才培养目标、跨专业设置、课程内容、教学方法、教学评价与管理等；针对教务管理人员的访谈，内容主要涵盖本科人才培养目标制定、跨专业设置、课程内容、教学方法、教学评价模式与方法、教育管理与保障等。将访谈与问卷调查的反馈信息与资料进行整理，主要以案例的形式进行呈现，来分析和总结农业高校目前在农科类复合型人才培养中存在的问题。

案例5-3：L教师，来自中国农业大学，负责农学专业本科生作物栽培与耕作学课程的教学。L教师介绍说，中国农业大学目前实行"平台＋模块"培养模式，实行大类招生的政策，学生进校时不分专业，经过基础平台课程学习后结合个人兴趣、爱好和就业意愿等选择学习的专业与方向。学校为了培养具备宽广知识面、较强社会适应能力的复合型人才，大部分农科类专业的本科人才培养目标表述中，也体现了复合型人才培养的目标，学校目前也在实行双学位（含辅修）专业教育的制度。针对农科类复合型人才培养，L教师认为中国农大主要在这几个方面存在问题：首先，目前农学、环境科学、生物技术等农科类的跨专业设置偏少，中国农大招生的十个双学位专业中，主要有：工商管理、英语、金融学、传播学、数学与应用数学、计算机科学与技术等，与农科类专业关联度不高；其次，学校具备双师型条件的授课教师不足，进行跨专业教育缺乏师资资源，比如，农学类专业的学生想要选修一些人文社科类、工商管理类、经济学类的课程存在一定难度，因为这些人文社科类、工商管理类、

经济学类的课程和师资要首先满足本学院相关的课程教学；再次，复合型人才培养中，学生的实际动手能力、创造能力、各种社会适应能力的培养比较重要，但目前学校的实践教学比较薄弱，缺少足够的实验室、农场、实践教学基地等来支撑，学校与社会企业缺乏紧密的联系与合作，涉农类企业也很少参与人才培养方案的制定与调整；最后，关于教学评价，通常由教务管理者、教师来进行教学评价，学生也会参与教学评价工作，社会企业组织机构参与教学评价的机会偏少，教学评价标准主要依靠考试和论文考核来进行，实践教学的评价标准也缺乏科学性；此外，学校也重视国际化教育交流与合作，但与外国相比，在国际型复合型人才培养方面存在不足。

中国农业大学是一所以农学、农业工程、食品科学、生命科学为特色和优势的研究型高校，在国内农业高校中位居前列，通过案例5-3中L教师关于中国农业大学农科类复合型人才培养现状的反馈来看，高校虽然在农科类复合型人才的培养中不断探索与实践，但在跨学科专业设置、师资力量、实践教学、校企合作和国际化人才培养方面仍存在一些问题和不足。

案例5-4：W教师，来自H农业大学，负责农业资源与环境专业的本科生的土地资源管理课程的教学。W教师介绍了农业资源与环境专业的人才培养目标，即：让学生能掌握专业相关的理论知识与技能，能在农业、土地管理、资源、环境等领域从事资源管理、土地管理、环境保护、技术推广、教学培训等方面工作的应用型复合型人才。该专业的人才培养目标也与H农业大学的"厚基础、宽专业，高技能、强能力"办学基本思想吻合，并实施"311"的人才培养模式以完成人才培养。在谈到农科类复合型人才培养模式是否存在问题时，W教师给出了几个方面反馈：首先，H农业大学也重视农科类复合型人才培养，从大多数农科类专业的人才培养目标表述中看出，由于对涉农类用人单位的人才需求变化缺乏及时了解，用人单位对学校教学、人才培养工作也缺少参与，导致学校实际培养的人才与用人单位需要有一定差距；其次，虽然高校也实施"双学位教育"，但由于各个院校之间缺乏有效的联系与合作，开展跨学科专业教育的师资力量和资源不足，学校在跨专业课程数量设置方面明显不足；再次，在人才培养中，重"理论"轻"实践"的现象仍然存在，"理论性"课程、课堂讲授法不可避免地在教学中占较大比重，导致实践教学偏弱，对人才的专业技能和创新能力培养有一定影响；最后，一些涉农类跨国经营企业对外语好、国际化农业人才需求量在增加，目前 H 农业大学在国际化教育方面不够重视，对农科类专业国际型人才的培养明显不足，需要引起足够的重视。

H 农业大学属于省政府与农业部、教育部共建的省级重点大学，该校各学院在本科人才培养中，一直坚持"厚基础、宽专业、因材施教、理论联系实际"的原则，让学生掌握学科领域内的专业知识，为培养高素质的、具有创新思维意识和能力的应用型、复合型专业人才。通过案例 5-4 来看，H 农业大学在农科类复合型人才培养模式中存在一些亟待优化的问题，如：人才培养目标和方案缺少涉农类用人才单位的参与；跨学科专业教育的师资力量和资源存在不足；"理论性"课程、课堂讲授法在教学中占较大比重；实践教学相对薄弱；农科类国际型人才的培养不足等。

案例 5-5：H 教师，来自浙江大学，负责该校农业与生物技术学院本科生教务管理相关工作。H 教师介绍说，农业与生物技术学院通过本科生教育，让学生具有扎实的专业基础理论和技能，培养具备一定科研能力与较强社会适应能力的、拥有国际视野的农学类拔尖创新型人才。浙江大学目前通过"双学位教育""特色实验班"等方式实施复合型人才培养，H 教师认为该校在复合型人才培养中存在一些问题：首先，学校对涉农类用人单位的人才需求标准缺乏细致分析与了解，用人单位的反馈意见，学校采纳不多；其次，浙江大学定位是以培养研究型人才和领域内拔尖人才为主，难免会出现重"理论"、轻"实践"，重"科研"、轻"技术应用"的现象，学生课外实践和实习课时所占比重不高；再次，近几年高校扩招，实践教学基地不足，校企合作办学与共同培养人才方面也存在不足；最后，农业"走出去"，均需要较多国际型涉农类人才，虽然浙江大学比较重视国际化教育，但与西方国家相比，海外实习机构不多，学生也无法赴海外实践和工作实习，农科类国际型人才的培养还是不足。

浙江大学是国内一流的"985工程""211工程"的综合性、研究型重点大学，虽然农科类专业不全是该校的优势特色学科，但在农科类复合型人才培养方面具有一定特色，通过采用"知识""素质"与"能力"并重的教育培养模式，致力于培养"德才兼备、全面发展"的高素质精英人才。但通过案例5-5来看，该校在农科类复合型人才培养方面仍存在一些待优化的问题，即：对社会用人单位的培养反馈意见和人才评价采纳程度不够、课外实践和实习课时在人才培养方案中所占比重不高、缺少足够的实践教学基地、校企合作办学欠缺、农科类国际型人才培养不足等。

案例5-6：C教师，T农学院本科教务处人员，负责本科生教务管理相关工作。C教师对T农学院的情况作了简单介绍，该校目前是以农科为优势学科，其他学科为特色学科，多种学科协调发展的现状；本科教育目标是培养具有扎实而宽厚的专业基础、社会适应力强、适应现代都市型农业发展需求的、全面发展的应用型人才。关于T农学院在农科类复合型人才培养模式存在的问题与建议，C教师从这几方面进行了回应：首先，在跨专业教育过程中，各个院系的情况不同，"双师型"教师不充足，跨专业课程数量也不足，学生可能因为自身时间和精力有限，选修跨专业课程不多；其次，教学评价方面，主要以教师、教务管理人员来完成，学生会参与教学评价，但社会单位并未参与学校人才培养方案制定与教学评价；再次，学校与社会用人单位联系不紧密，缺乏密切的合作，校外实践教学基地数量较少，实践教学主要是以校内实验为主，关于工作实习单位，学校会帮助联系一些，但大部分靠学生自己联系；最后，由于学校自身实力所限，大多数专业还无法开展双语教学，学校在积极与外国高校进行交流与合作，但国际化教育发展较慢，农科类国际型人才培养数量较少。

T农学院是一所入选"国家首批卓越农林人才教育培养计划"的以促进和服务于区域经济发展和都市型农业发展为办学目标的农业类院校，致力于培养具备较强专业知识与技能、适应能力强的、德智体美劳全面发展的应用型人才。通过案例5-6来看，T农学院在农科类复合型人才培养中主要存在跨专业课程数量和师资力量不足、校企合作与联系欠缺、教学评价主体单一化、教学基地不足、国际化教育发展偏慢、农科类国际型人才培养不足等问题。

上述四个案例，是从高校本科授课教师和教务管理人员的访谈记录中随机选取的，有一定代表性，虽然四所院校的发展层次、水平有高低之分，但根据上述四个案例来看，四所院校在农科类复合型人才培养模式中存在一些共同问题，即：农科类人才培养目标和方案缺少涉农类用人才单位的参与；"理论性"课程、课堂讲授法在人才培养中仍占较大比重；教学评价的主体相对单一化、缺少社会组织机构的参与；跨学科专业教育的师资力量不足；实践教学基地欠缺，学生实践能力培养方面存在不足；农科类国际型人才的培养不足等。这些问题的存在，不但会影响农科类复合型人才培养的质量，也会导致农业类高校的人才培养工作与农业发展、社会人才市场的需要不能完全匹配，无法充分发挥高校应有的人才培养的作用。

三、学生对农科类人才培养模式的现状反馈

在校学生对高校人才培养目标、课程内容设置、教学方法、教学管理等方面的反馈，在一定程度上也能反映出人才培养的现状与问题。因此，分别对中国农业大学、浙江大学、H农业大学、T农学院等四所院校的部分在校生进行了问卷调查。调查问卷共设计了 10 道题，分为封闭式与开放式两类问题，让学生根据实际情况给出反馈，每名学生完成 1 份问卷；问卷主要涉及培养目标制定、专业设置情况、课程教学内容、教学方法、教育评价与管理等内容。笔者从回收的调查问卷中，针对每个学校分别随机地选出 50 份，共计 200 份，基于学生对高校人才培养工作的反馈与评价，进行统计整理与分析，得出高校在农科类人才培养模式中的现状与存在问题。

人才培养目标是高校培养什么规格的人才总体目标，培养过程中的课程设置、教学方式、教学评价与管理等均围绕着培养目标而进行。通过随机抽选的、200 名学生对本科阶段的学习目标反馈来看，在期望获得宽广的知识基础、较强的专业技能、较高的综合素质、较强的社会实践能力和创新能力方面的认可度较高，均超过了 75%（见表 5-3）；在 200 名学生中，期望能获得较强的社会实践能力和创新能力者，超过了 190 名；对于能具备宽广知识基础和较强专业技能，学生也比较认可。具备宽广知识基础、较强专业技能、较高综合素质、较强社会实践能力，这与复合型人才要求基本符合，也间接地说明学生想通过本科教育，能成为"复合型"的人才。

表 5-3 关于培养目标、课程与教学方法的部分调查评价反馈

部分问卷调查项	分项内容	评价反馈与占比	
		认可数 （总数：200）	所占比重 （%）
通过本科阶段学习，学生个体希望获得的目标	宽广的知识基础	188	94.0
	较强专业技能	190	95.0
	较高的综合素质	156	78.0
	社会实践能力、创新能力	192	96.0
专业教育中课程组织与设计存在问题	课程学习目标不明确	48	24.0
	缺少完整的体系	69	34.9
	缺乏足够的专业实践与实验	130	65.0
	课程知识内容比较陈旧	67	33.5
本科教学中存在不合理项目	教学方式比较落后	134	67.0
	教学方法手段陈旧	156	78.0
	教学设备、媒介不足	123	61.5
	教学安排不科学	78	39.0
合理的教学方法	教师按照教材循序渐进地讲授为主	68	34.0
	教师讲解主要观点，适当结合案例法，组织学生们研讨	189	94.5
	课堂以案例教学为主，组织与启发学生们研讨	157	78.5
	教师讲主要观点，让学生们查找资料，写课程论文	143	71.5

来源：根据调查问卷资料整理而成

课程如何来组织和设置、采用什么样的教学方式方法，均是人才培养中的重要环节，为了解农业高校在课程设置和教学方式方法中存在的问题，问卷中列出了一些选项问题让学生给出相应的反馈。关于课程组织和设计方面，在 200 名学生给出的反馈中，24% 的学生认为课程学习的目标不明确，34%的学生认为课程缺少完整的体系，33.5% 的学生认为课程知识内容比较陈旧，而认为课程缺乏足够的专业实践与实验者所占的比重最高，达到了 65%（见表 5-3）。虽然学生对学习目标、知识内容和结构存在的问题有不同程度的反

馈，但均未超过 50%，说明这些方面并不是课程组织与设计中严重的问题，基本符合学生课程学习要求；而缺乏足够专业实践与实验，则是课程组织设计中较为严重的问题，是制约学生提高实践技能和各种能力的一个因素。

此外，在教学方式方面，学生对教学方式比较落后、教学方法手段陈旧、教学设备、媒介不足的反馈均超过了 50%，分别为 67.0%、78.0%、61.5%；而在教学安排不科学方面的反馈比重则有 39%，这说明人才培养中的教学方式方法存在较大问题。关于合理的教学方法调查，在 200 名学生中，有94.5% 的学生认为教师可以讲解主要观点，适当结合案例法，组织学生研讨；78.5% 的学生认为课堂以案例教学为主，组织与启发学生研讨；71.5% 的学生认为教师讲主要观点，让学生查找资料，写课程论文；34% 的学生认为教师按照教材循序渐进地讲授为主；这说明，不断更新教学的方法、教学中采用多样化的方法已越来越受到学生的关注与认可。

专业设置是高等院校教育和跨学科人才培养工作的重要环节，往往能直观地反映出学习者的需求；实践教学、社会实习安排，是锻炼学生的专业技能、培养实践能力和社会适应能力的重要方式。下表 5-4 是关于专业设置、实践教学、课外实习安排的调研反馈与评价。

表 5-4　关于专业设置与实践教学的部分调查评价反馈

部分调查项目	分项内容	评价反馈与占比	
		评判数量（总数：200）	所占的比重（%）
本科阶段的专业设置 是否合理	非常合理	12	6
	基本合适	78	39
	不太合理	86	43
	很不合理	24	12

部分调查项目	分项内容	评价反馈与占比	
		评判数量（总数：200）	所占的比重（%）
目前高校的实践教学、实习安排是否合理	非常合理	20	10
	基本合适	49	24.5
	不太合理	96	48
	很不合理	35	17.5
学校在人才培养中应更多地安排实践技能锻炼与社会实践	非常不同意	0	0
	不同意	21	10.5
	同意	112	56
	非常同意	67	33.5

来源：根据调查问卷资料整理而成

其一，有关本科专业设置是否合理的问题，在 200 名学生的反馈中，6%的学生认为非常合理，39% 的学生认为基本合适，43% 的学生认为不太合理，12% 的学生认为很不合理；总体看，认为本科专业设置不太合理和很不合理者达到了 55%，说明高校在专业设置中存在一些不合理之处。其二，关于高校实践教学和实习安排是否合理的调查，认为不太合理与很不合理的学生人数达到了 55.5%，超过了认为非常合理与基本合适的学生人数。其三，关于学校在人才培养中应更多地安排实践技能锻炼与社会实践的调查，持肯定意见（同意和非常同意）的学生所占比重达到了 89.5%，远远超过了持否定意见的学生的比重（10.5%），这说明，学生们普遍认为在人才培养中，应更多地安排技能锻炼与社会实践，以提高个体的社会适应能力。

素质和能力是人才三要素中的两大要素，学生对素质和能力方面的要求，对高校人才培养方案的制定、教学方式方法优化、教育管理调整等有重要的参考意义。为了解学生对本科教育阶段素质和能力方面的要求，以及高校在素质和能力培养方面存在的问题，笔者从问卷调查中随机选出 5 份问卷进行统计与分析（见表 5-5）。

表 5–5　素质能力培养要求及人才培养存在问题的反馈

编号	素质方面	能力方面	素质和能力培养存在问题
学生 A	良好的身体素质、心理素质、抗压力、良好的职业道德素养、策划意识、独立思考问题习惯等	组织管理能力、沟通表达能力、人际交往能力、独立解决问题能力、外语听说读写能力、熟练使用计算机等	课程设置问题、跨专业设置不足、教学方法待完善、课外实践薄弱、教育管理体制存在问题等
学生 B	团队合作精神、良好的心理素质、良好的职业道德素养、创新意识等	管理领导能力、沟通表达能力、解决问题能力、信息搜集能力、创新能力等	跨专业设置不足、教学方法单一、实践教学薄弱、师资力量薄弱等
学生 C	良好的身体素质、心理素质好、规划的意识、自我调节意识、创新意识等	专业知识能力、领导力、组织能力、沟通能力、交往能力、创新能力等	跨专业设置不足、教学方法单一、实践不足、教育管理体制存在问题等
学生 D	身体健康、较好的身体素质、心理素质、良好的职业道德素养等	组织管理能力、协调能力、交际能力、沟通能力、解决问题能力、创新能力、外语的应用能力等	课程设置问题、跨专业设置不足、教学方法单一、实践教学薄弱、课外实践不足、实验基础设施差等
学生 E	较好的心理素质、职业道德素养、策划意识、自我调节意识、创新意识等	专业知识能力、管理能力、沟通能力、交往能力、解决问题能力、创新能力等	跨专业和课程设置不足、教学方法缺乏变化、实践教学薄弱、设施条件差等

来源：根据调查问卷资料整理而成

　　笔者对这五位学生对素质、能力培养要求，以及高校在人才培养中存在问题的反馈意见进行了综合，可分为三个方面。其一，在素质培养要求方面，学生们期望通过本科教育，能在职业道德素养、策划意识、身体素质、创新思维、人际关系处理、团队合作等方面得到锻炼和培养，以便能具备良好的学习和独立思考问题的习惯，能具备良好的身体素质、心理素质和职业素养等，为将来的工作就业和继续深造奠定基础。其二，在能力培养要求方面，学生们期望能在这些方面得到培养和提高：组织管理能力、领导能力、沟通表达能力、分析问题和解决问题的能力、信息搜集能力、创新能力、专业应用能力、社会交际能力、协作能力、外语听说读写能力、计算机操作能力等。其三，关于高校在农科类本科人才培养中存在的问题，学生的总体反馈主要有：跨专业设置存在不足，课程设置存在不合理现象，教学方法相对单一、缺少多样化的教学方法，实践教学和课外实践相对薄弱，复合型人才培养的师资力量不足，教育管理体制存在一些问题等。

教育管理通常是教育管理者为了达到既定的教育目标，该实现过程包括了计划制订、组织实施、监测与评估、反馈与改进等不同的环节。学生作为受教育者，在接受教育的过程中往往会发现高校在教育管理方面的一些问题，从学生对农科类复合型人才培养的问卷中随机选取了三位学生（分别用学生F、学生G、学生H代表）对教育管理存在问题的反馈意见，以案例的形式进行呈现，具体如下：

案例5-7：学生F，关于农业高校本科教育管理中存在的问题，该学生的回答主要包括：学校在实验室基础建设方面有欠缺，经常出现专业实验室不足的现象；一些跨专业课程会遇到选修难的问题，因为选修课对上课的学生人数会有规定，达不到规定人数，无法选修；在课外实践教学安排欠缺，缺乏专业实际操作能力的锻炼与培养，可能是因为场地设施不足的问题。

案例5-8：学生G，针对高校本科教育管理中存在的问题，该学生给出的反馈有：农科专业的实践操作能力比较重要，但高校在实践教学安排方面有明显不足；课程内容设置也有问题，尤其是跨学科内容，在学习课程中相对欠缺；在实验室方面，会出现专业实验室紧张的现象；此外，像一些沟通交流、领导艺术、管理类、经济类等课程会在跨专业选修时会遇到一些问题。

案例5-9：学生H，对本科教育管理是否存在问题时给予的是肯定的回答，该学生认为存在的问题主要有：农科专业的学生由于专业课程学习耗时较多，在跨专业课程选修方面显得比较吃力；在实验室条件方面有欠缺，会出现实验室不足、实验基础条件相对较差的问题；由于选修课对上课的学生人数会有规定，一些跨专业课程会遇到选修难的问题；此外，高校在校园文化建设、活动安排方面有欠缺。

通过上述三个案例来看，部分农业类高校在课程内容设置、跨专业课程选修、教学实践安排、实验室基础设施、校园文化建设等方面存在一定的不足和问题，这些问题会对学生的知识拓展、专业技能的培养和训练、社会实践能力的提高等方面有一定的影响，进而会对农科类复合型人才的培养有一定影响。

综上调研分析来看，针对农科类复合型的人才培养，虽然大多数农业高校在积极地探索和实践，但目前仍存在一些问题，即：农科类人才培养目标和方案缺少社会第三方组织的参与，尤其是涉农类企业的参与；在教学中，目前"理论性"课程、课堂讲授法在本科人才培养中仍占有较大的比重；教学评价的主体相对单一、缺少社会行业组织机构的参与；跨学科专业教育的师资力量不足；实践教学基地欠缺，学生实践能力培养方面存在不足；国际化教育发展缓慢，农科类国际型人才的培养存在不足等。这些问题的存在，会对农科类复合型人才的培养工作开展和质量提升有一定影响。

第三节　农科类复合型人才需求与培养现状的启示

我国高等农业院校是农科类人才培养的重要"基地"，而涉农类企事业单位是农科类人才的重要"使用者"，用人单位对农科类专业毕业生的知识、素质和能力的评价与反馈，是农业高校人才培养工作的一项重要参考标准。基于对涉农类企事业用人单位的人才需求调研与分析发现，针对农科类专业毕业生的聘用，社会用人单位倾向于那些能掌握多种农科类相关专业知识的、有宽阔知识面的、具有较高综合素质的、具备相对较高社会适应能力的"复合型"人才。

通过对部分高校的农科类复合型人才培养模式现状的调研与分析来看，这些高校在农科类复合型人才培养中还存在一些相同或相似的问题：其一，人才培养目标方案缺少涉农类用人单位的参与；其二，教学评价主体相对单一、缺少社会行业组织机构的参与；其三，"理论性"课程、课堂讲授法在本科教学中仍占有较大的比重；其四，高校与企业之间缺乏紧密的联系与合作，实践教学基地相对欠缺，学生实践能力培养存在不足；其五，跨学科专业教育的师资力量保障存在不足；其六，国际化教育发展偏慢，农科类国际化人才培养存在不足等。这些问题不仅在上述四所国内高校里存在，在其他农业高校里也或多或少地存在着。

农业高校所存在的这些问题，会对农科类复合型人才培养造成一定的影响，也会导致农业高校的人才培养规格与社会人才市场的需求不能完全匹配的现象出现，需要对农科类复合型人才的培养进行优化和调整。农业类高校在进行农科类复合型人才的培养模式的优化过程中，应当结合社会用人单位的人才需求，对人才培养目标、培养方式、教育管理进行相应地调整，以有效性地培养社会所需要的农科类复合型人才。

第六章　农科类本科复合型人才培养创新实践与管理对策

高校人才培养涉及教育的多个方面，是一项系统而复杂的工作，需要政府主管部门、高校、社会组织机构等多方的共同参与；高校不仅要制定适宜的人才培养目标，更需要组织协调内部的人力、财力、物力等资源，方可完成。针对涉农类企事业单位对农科类人才需求的变化，以及国内农业高校在农科类复合型人才培养中存在的问题，本章将从培养创新实践与管理方面，提出农科类复合型人才培养模式的对策建议，以供农业类高校参考。

第一节　农科类本科复合型人才培养实践

随着"一带一路"的推进，我国农业"走出去"的步伐在加快，海外农业类项目经营中，涉及项目规划、种植生产、经营管理、国际贸易等，需要各种人才来配合完成，对国际农经类复合型人才的需求也将会逐渐增加。乡村振兴战略中的"三农问题"是重中之重，农业产业化发展与"三农"联系紧密，在一定程度上影响着"三农"问题解决，农业产业化发展需要既掌握农业种植生产技术，又能懂产业化发展管理的人才作为支持。基于此，本节将对国际农经类复合型人才和农业产业化发展管理复合型人才的培养模式进行实践，为农业高校农科类复合型人才培养提供一定参考。

一、个案：国际农经类复合型人才培养模式实践探索

随着我国"一带一路"倡议实施，助推了国内"农业"走出去的步伐，国内一批涉农类事业单位、私营企业、富裕群体积极响应国家"走出去"的号召，赴海外投资和经营涉农类项目，业务范围涉及：农业项目海外投资、农作物种植、海外农场经营、农产品加工、农产品国际贸易农业项目跨国经营等。我国农业"走出去"，在海外经营农业类项目，需要各类人才支撑，尤其需要那些既懂农业科学，又熟悉经济管理的国际化人才，对国际农经类复合型人才的需求量将会增加。因此，笔者基于农科类复合型人才培养模式框架的研究，来探索国际农经类复合型人才的培养模式。

1. 国际农经类复合型人才特征

国际农经类复合型人才，通常是在涉农类项目跨国经营的企事业单位中从事企业管理、农业项目管理、农产品销售、市场推广、国际贸易等方面的工作。该类人才通常要具备多个学科专业知识，属于"一专多能型"的人才，并且具有较高的综合素质和能力，按照知识、能力和素质的基本结构（如图6-1所示）来看，国际农经类复合型人才的基本特征表现在几个方面：

其一，能掌握农学、农科、经济学、工商管理等不同专业的理论知识与相关技能，同时能具备较为宽广的视野和知识面，熟悉农作物种植、农产品生产加工、企业管理、国际贸易等相关领域的知识，并能做到综合应用。

其二，对农业跨国经营与管理中所涉及文学类、地理类、历史类、法学类等知识有一定了解，以农科类和经管类专业知识为基础，能将所熟悉和了解的各种知识融会贯通，并在工作中灵活运用。

其三，国际农经类复合型人才，对能力方面的要求较高，要有良好的沟

通表达能力和交际能力，具有一定组织、策划、管理、协调等能力，有较强的市场意识，善于分析和把握商机，具有创业意识和市场初步判断能力，能运用专业知识分析和解决涉农类跨国经营管理中的问题等。

其四，该类人才通常要在国际环境中开展工作，因此，对国际农经类复合型人才的外语水平有一定要求，能较为熟练地使用外语阅读涉农类项目经营管理的各种外文资料，能用外语进行听说表达，并对不同国家的历史、文化、风俗习惯有一定了解，同时对国际贸易、国际投资、自然环境保护等国际规则、法规、政策等有一定了解。

其五，有社会集体荣誉感，遵守社会公共道德，有社会服务意识，责任心强，身体健康，心理素质较好，面对困难具有一定的"抗压"和调节能力，良好的职业道德，有敬业精神和团队协作意识等。

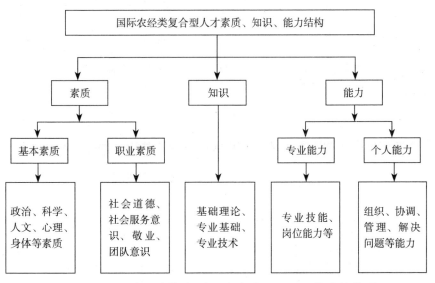

图 6-1　国际农经类复合型人才素质、知识、能力结构图

2.人才培养基本框架

在高校教育教学工作中，针对人才培养可以采用多种方式，在国际农经类复合型人才培养模式实践探索个案中，将确定以政府部门的管理、高校组织、社会行业参与、社会支持、学生学习为该类人才培养的主要参与方，同时以人才培养模式概念中的各类基本要素和国际农经类复合型人才的基本特征为基础，来构建国际农经类复合型人才培养模式的基本框架（如图6-2所示）。

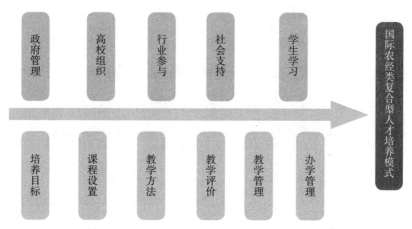

图6-2 国际农经类复合型人才培养模式基本框架

在国际农经类复合型人才培养模式的基本框架中，培养目标是高校人才培养的先导或基础，人才培养过程中的教学计划、课程设置、所采取的各种方式方法、教学评价、教学管理等环节，均围绕着人才培养目标而进行。

3.专业设置注重跨学科和专业复合特色

专业设置是人才培养模式的重要环节，针对国际农经类复合型人才的培养，农业类高校在学科专业设置过程中，要体现跨学科、宽口径、复合型的特色，具体内容包含以下几个方面：

其一，强调相关专业知识的交叉与复合（如图6-3所示），立足于农林经济管理专业，整合农学、植物学、食品科学等农科类专业，建立农业科学类的知识学习平台；整合国际经济与贸易、外语类专业、法律法规等专业，提供经济与人文社科类知识学习的资源库。

其二，围绕国际农经类复合型人才对学科专业知识的要求，结合不同院系的教育资源，实行"双专业""双学位"等人才培养的方式，也可以实施"后本科"的继续教育（包括进修、培训）方式，以便让学生学习和掌握多个不同专业的知识。

其三，根据农业经济与现代农业发展需要，并结合涉农类用人单位对国际农经类人才需求，设置一些相关的专业组合，例如，国际型涉农项目管理、国际型涉农生产管理、国际型涉农食品管理、国际型涉农经营管理等，让学生根据兴趣和爱好选修相应专业组合的模块课程。

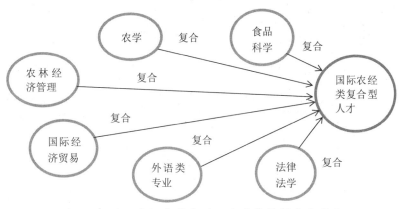

图6-3　国际农经类复合型人才培养学科专业复合

4. 课程设置体现厚基础、宽口径特点

从国际农经类复合型人才的基本特征来看，该类人才要能掌握多个不同学科和专业的知识。按照这一原则要求，课程学习内容设计要体现出"宽口径""厚基础""个性化"等特点，课程体系的基本框架可划分为"四个层面"，即：公共基础类课程、专业基础类课程、专业课程、实践类课程（见表 6-1）。

表 6-1 "四层面"课程类别与内容设置

课程类别		所涵盖课程内容
公共基础类课程	人文类课程	政治学、法学、文艺类、历史学、哲学类等课程
	自然科学类课程	数学、生物学、化学等课程
	工具类课程	计算机操作类、文献检索、大学英语等课程
	一般类课程	军训、体育类课程、大学生创业等课程
专业基础类课程	经管类基础	宏观经济学、微观经济学、管理学、会计学、金融学、统计学等课程
	跨学科基础	农学、植物学、经济法、英语、法语、国际贸易原理、食品科学、世界经济学等课程
专业类课程	专业必修类课程	农业经济学、战略管理、会计学、营销学、信息系统、农业政策学、资源经济学、发展经济学等
	专业方向类课程	企业管理学、项目投资评估、农村合作经济、生产管理、国际贸易实务、世界农产品市场分析等
实践类课程	专业课程实验、专业技能训练、教学实践、课外活动、社会公益活动、社会专业实践、创新创业实践、工作实习、毕业设计等	

公共基础类课程，是高校按照学生个体的共性发展需求，结合学科大类教育的基础知识要求来设置的基础类课程，课程设置中主要包括工具类、人文类、自然科学和一般类课程，目的是让学生掌握基础的工具类、人文社科和自然科学知识，为将来的学习打好基础。

专业基础类课程，目的是让学生掌握经管类、农科类、国际贸易类和外语类等专业的基本原理和基础知识，并掌握与专业有关的基础方法、专业技能，为专业类课程知识的学习做好准备。

专业类课程，主要包括专业必修课和专业方向类课程，根据国际型涉农经管类复合型人才对知识、素质和能力的标准要求，结合学生未来就业或升学的不同兴趣与计划，开设一些有关的专业必修课程和专业方向课程。

实践教育类课程则是在公共基础类课程、专业基础类课程和专业类课程三个层面课程的基础上，形成相对独立的教学课程体系，内容主要涵盖专业类课程实验、学生专业技能的训练、专业教学实践、课外组织活动、社会公益活动、社会专业型实践、创新创业实践、社会工作实习、毕业设计等不同环节。

5.教学方法注重多样化，体现因材施教特点

高校传统教学中往往存在过于注重课堂讲授的现象，致使学生们学习主动性受到一定抑制，也会影响课堂教学和知识传授的总体效果。多元化教学方式已逐渐被认可，从传统的"讲授型"教学向"多元化"课堂教学方式转变势在必行，例如：通过启发式教学，让学生们积极主动地运用所学知识去发现问题、分析问题和解决问题，鼓励学生发挥想象力创造性地解决问题，以培养学生们的创造力；采用情景式教学，丰富课堂活动多元化，培养学生的交际、组织、协调、实践等能力；采用案例式教学，让学生较多地体验和模拟经济管理类实例，以丰富学生的专业知识体验；采用多媒体教学以丰富教学环境，通过对视觉和听觉的刺激，不但可以增加日常教学中的趣味性，也可以加深对知识的理解，提高课程讲授的效率和效果。

在实践教学中，加大实践教学比例的同时，也要不断地创新教学方法，注重专业理论知识与社会实践的紧密结合，采用校内教学与社会实践、工作实习相互结合的方式，让学生在掌握专业理论知识的前提下，到涉农类企事业单位中去实际工作，全面按照社会职业岗位的要求和标准来进行，提高应用能力与专业技能，将校内所学的专业理论知识转化为实际工作能力，在社会工作实践中提高自身的专业实践技能，并不断提高社会的适应能力。

6.教学质量评价讲究全面性，体现多元化特点

目前高校中的教学评价，是由教育主管部门、学校和教师等自上而下的对教学进行总结性评价，评价方式多是以学习成绩和分数为主，判断学生对知识掌握的程度，甄别与选拔优秀学生。但随着市场经济的发展，社会用人单位对毕业生的素质和能力的要求在发生变化，仅仅以学习成绩和分数为主的传统教学评价模式已不能满足人才培养的评价工作，有必要在人才培养中实施多元化的教学评价模式，扩大评价的主体、内容和范围，以便更好地发挥对教学活动的诊断与评判作用。

教学评价的多元化，一般能更全面地评价和反馈教学工作及人才培养中所存在的问题与不足，评价的主体应涵盖政府教育部门、学校教学管理者、教师、社会组织机构、毕业生、在校学生等（见表6-2），评价的内容主要围绕人才培养目标、课程设置、教学方式方法、教学管理、教育产出、科研成果等方面。

表6-2　国际农经类复合型人才培养教学评价

评价主体	评价主要内容
政府教育部门	本科教育方针和政策、专业设置情况、人才培养模式、教学资源条件、基础设施、师资队伍状况、科研成果、社会认同度、社会产出等
学校教学管理者	课程设置情况、教学方法、教学手段、对教学工作完成的情况，对人才培养目标完成情况、教学条件、对学生管理情况、教学保障、毕业生声誉、教育成果转化、社会效益等
教师	人才培养目标制定、教学管理工作、学生学习态度、学生学习效果、教材建设情况、教学条件、学生能力状况等
社会组织机构及企业	学校声誉、毕业生专业技能、毕业生综合素质、毕业生能力、人才培养总体效果、科研产出等
毕业生、在校学生	培养规格制定、开设专业情况、课程内容设置、教学方法、教师的教学工作、教学保障条件、学校学习环境、校园文化等

7. 优化教学管理，提高实效性与服务意识

校园文化能陶冶学生的情操，帮助学生全面提高素质，对学生的学习和健康成长有较大影响，也为复合型人才培养提供了良好的环境。因此，农业高校要积极营造良好的、崇尚科学创新精神的校园文化，同时举办各类与涉农类经营与管理有关的专业特色活动，有利于教学与实践活动相互结合，激发学生的学习热情，巩固所学的专业知识，强化专业技能。

高校图书馆与专业实验室的建设，是高校教学、科研和管理水平高低的标志，也是高校整体办学水平的重要标志之一，因此，要不断加强和优化图书馆、实验室、校内实训基地等基础设施的建设，以满足高校教学、科研和人才培养等方面的需求，从而为国际农经类复合型人才培养打好基础。此外，随着社会进入信息化时代，新型人才培养信息化系统已成为时代的必然选择，有必要以高校的校园网为基础优化教育信息化管理和网络教学系统平台，这对于推进跨学科教学和复合型人才的培养，以及实现规范化、科学化教育管理有一定的意义。

为了保障人才培养中的实践教学，建议农业高校要加强与国、内外涉农类企事业用人单位的联系，拓宽实习渠道；大多数农业高校与"走出去"的涉农类企业联系较少，建议农业高校加强与这些类型企业间的联系，积极开展农业科研、人才培养、新产品开发、项目管理等方面的合作，以便拓展学生的海外工作实习基地。此外，高校也可以出台相关资助政策，鼓励学生赴海外企业和组织机构进行工作实习，实际锻炼和提高学生的海外工作实践能力，以便将来能适应涉农类跨国经营方面的工作。

二、个案：农业产业化发展管理复合型人才培养模式实践探索

农业、农村发展的一个决定因素是科技和教育，我国农业高等教育是实现广大乡村地区农村劳动力再生产、提高生产效率的重要手段，也肩负着促进农村经济发展和乡村振兴的重要任务。目前，国家对农村、农业和农民问题较为重视，农业产业的发展是与"三农"联系较为密切的，也关系到"三农"问题的解决；农业产业化发展需要相应的人才作为支持，由于农业产业化发展涉及诸多方面因素，目前农业高校还并未专门设置相应的专业，笔者基于复合型人才培养的研究，来实践农业产业化发展管理复合型人才的培养模式。

1. 农业产业化发展管理复合型人才特征

农业产业化发展（英文为 Agriculture Industrialization）是对传统的农业发展进行科技改造、整体规划布局、一体化发展与进步的过程，通常以社会市场为导向，以提高经济效益为中心，对农业发展中的各类生产要素进行优化与组合，实行自然资源合理布局、规模化生产、产品系列化制造加工、社会化服务、企业化管理的模式；也是作物种植、畜牧养殖、产品加工、市场销售、技术服务一体化经营的模式，能有利于促进农业走上现代化经营和产业化发展道路。农业产业化发展能从整体上推进传统农业向现代农业的发展与转变，是解决"三农"问题的有效途径之一。

农业产业化发展管理过程中，需要既能懂农业科技种植，又能懂得产业发展规划和经营管理的人才，这类人才需要掌握多种学科专业知识与技能，属于一专多能型的人才，该类人才的基本特征表现在以下几个方面：

其一，通常要具备农学、生态学、环境科学、农业经济学、管理学等不

同专业的相关知识与技能，也要熟悉农作物种植、农产品生产与加工、自然环境保护、农业科技等相关领域的知识，还要对涉及乡村发展、自然地理、农村政策等知识有所了解。

其二，农业产业化发展管理涉及农业种植、产品生产加工、产品市场销售与科技服务等方面，因而要求该类人才能具备多种能力，如：具备组织协调能力，以做好人力、物力、资源等方面的协调工作；具备项目规划管理能力，以做好项目经营生产；有较强的人际交往能力，便于开拓市场和销售工作；具备农科类专业技能，能运用专业知识解决农业产业化发展中的各种科技类问题等。

其三，有社会责任感，热爱农村、农业，有集体荣誉感，有敬业精神和奉献精神，身体健康、能适应户外工作，心理素质较好，面对困难具有一定的抗压能力，良好的团队合作意识和社会服务意识等。

2. 人才培养的基本模式

农业产业发展管理复合型人才培养，涉及多方力量的参与，需要政府部门的管理和支持；高等院校是人才培养的主要组织方和实施单位，这就需要农业高校发挥其人才培养的主体作用；在人才培养过程中，也需要社会企业和行业研究机构的参与和支持；此外，还需要乡村机构的积极配合与广泛参与。简而言之，农业产业化发展管理复合型人才的培养框架，需要在政府机构、农业高校、研究机构、社会企业、广大乡村的共同参与下，按照人才培养模式的基本理论来构建。在培养农业产业化发展管理复合型人才过程中，培养目标与规格的制定是人才培养模式的"核心"内容，培养过程中的专业设置与调整、课程内容组织、教学方式、教学评价、教学管理、师资力量保障等其他环节，也将围绕着农业产业化发展管理复合型人才的总体培养目标进行；反之，专业设置、课程内容设置、教学方式方法、教学评价、教学管理等环节也会对培养目标的改进与完善起到一定的检验与反向指导作用（如图6-4所示）。

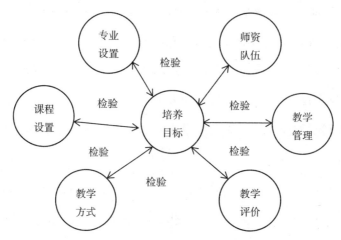

图6-4　农业产业化发展管理复合型人才培养目标与其他环节关系

3.整合所涉及的跨学科专业

农业产业化属于农业产业链式的发展，农业产业化发展管理会涉及农产品的生产（含农作物种植、畜牧业养殖）、加工、市场销售和专业化服务等多个环节，也会涉及不同学科专业知识，如：农学、农作物种植、畜牧养殖、食品科学、管理学、经济学、法学等。农业产业化发展管理所涉及的这些专业，分属于不同的学院和科系，该类人才的培养只依靠某一个学院很难完成，需要不同的院系将所涉及的学科专业进行整合方可完成。针对农业产业发展管理复合型人才的培养，专业设置其中的一个重要环节，农业类高校在学科专业设置过程中，要基于跨学科、专业交叉、宽口径的特色来进行。其一，立足农林经济管理专业，整合农学、植物学、食品科学等农科类专业，建立农业科学类的知识学习平台；整合国际经济与贸易、外语类专业、法律法规等专业，提供经济与人文社科类知识学习资源库。其二，围绕农业产业发展管理复合型人才对学科专业知识的要求，结合不同院系的教育资源，实行双专业制、双学位制的人才培养方式，也可实施后本科的继续教育（包括进修、培训）阶段，以便让学生们学习和掌握多个不同专业的知识。其三，根据农业经济与现代农业发展需要，并结合涉农类用人单位对国际农经类人才需求，设置一些相关的专业组合，例如，国际型涉农国际贸易管理、国际型涉农生产管理、国际型涉农食品管理、国际型涉农经营管理等，让学生根据个体兴趣灵活地选修相应的专业模块课程。

表 6-3　农业产业化发展管理复合型人才涉及的专业

行业项目	所涉及的学科专业
作物种植生产	葡萄种植、葡萄酒酿造、食品科学、农业经济学、农业经济管理、国际贸易、市场营销等
农产品加工	农学、作物栽培与种植、食品安全管理、自然环境、食品科学、经济学、企业管理、市场营销等
农产品销售	农学、食品科学、国际贸易、市场营销、企业管理、工商管理、法学、外语等
农业服务专业化	植物学、农学、环境科学、生态学、自然环境、食品科学、农业经济学、农业经济管理等
农业旅游	农学、环境科学、生态学、自然环境、旅游学、经济学、工商管理、市场营销等

4.课程设置体现跨专业性和宽厚基础特点

农业产业化发展管理涉及农学、生态学、环境科学、农业经济学、管理学等多个专业，也要求学生能掌握多个不同专业的知识，因此课程设置不仅要体现宽厚基础的特色，更要注重跨专业的特点。一方面，公共基础类和专业基础类的课程内容，要涵盖工具类、人文类、化学、生物学、经济学、管理学等课程，以便让学生能具备工具类、人文社科、自然科学、经管类的基础知识，为专业课学习打好基础。另一方面，专业类课程的设置，围绕农业种植生产、产品加工、产品市场销售、科技服务、经营管理等方面，将所涉及的专业和课程资源进行整合，借助于专业必修课、专业拓展课程、方向类课程的形式，让学生学习和掌握与涉农类产业化管理有关的专业知识和基本技能，以便能胜任农产品的生产、加工、市场销售、专业化服务、管理等方面的工作。

5. 实施多元化的教学方法与评价

在目前的高校教学中，多元化教学方式已逐渐被认可，教师可依据学科知识特点、学生素质和能力培养的实际状况，采用"多元化"的教学方式，将课堂讲授法与启发式教学、情景式教学、案例式教学、问题发现式教学法进行结合，借助于多媒体教具，提高课程教学的效果。在人才培养中，实践教学和课外实习能有效地锻炼和培养学生的专业技能，有必要结合培养农业产业化发展管理人才的总体目标，形成科学的产学研相结合的实践教学体系，并加大实践教学比例，让学生在学到专业知识和培养技能的同时，不断提高学生专业知识的运用能力和创新实践能力。

在人才培养过程中，有必要结合复合型人才的培养目标，实施多元化的教学评价模式。其一，改变过去仅仅靠政府主管部门、高校教学管理者、教师为主体的教学评价方式，让社会用人单位、毕业生、在校学生参与到教学评价中。其二，改变过去以学生考试成绩和分数为主的传统教学评价内容，结合学生的知识掌握情况、素质和能力提高状况，扩大教学评价的内容。其三，完善和改进对实践教学、社会实践、工作实习等方面教学评价体系，切实保障学生社会实践能力的锻炼与提高。

6. 人才培养中的教育管理

农业产业化发展管理，与农村、农业有着较为密切的联系，除了涉农类企业能提供实践教学场所以外，农村也是开展人才培养有效的实践教学基地。"产教融合"模式，能将行业产业化发展与人才培养进行密切结合，有利于相互支持和相互促进，是学校教育与社会产业的深度合作，能有效地提高其人才培养的质量，针对农业产业化发展管理复合型人才的培养，可加强与涉农类企业、乡村政府的联系与合作，共同培养人才。一方面，涉农类企业能接触到涉农类产品的生产、销售、加工和研发等活动，不仅是面向工作人员和其他劳动者等社会群体的重要工作单位，也是农科类学生将知识理论联系实际生产、锻炼专业技能的有效社会实践"场所"，建议农业高校加强与涉农类企业单位之间的联系，并积极开展农业科研、新产品开发、项目管理等方面产业化合作，不仅为学生课外实践拓展实习基地，也可以共同培养农业类产业化的人才。另一方面，广大乡村区域是农业实地教学和培训的"场所"，农业高校可联合县、乡级政府的有关部门，在乡村区域合作办学，通过开设特色实验班，培养涉农类产业化发展管理的人才。目前，实施基地办学培训是一个可以考虑的合作模式，该模式是由农业高校、研究机构、乡镇政府和农村等共同合作（如图 6-5 所示），也是社会各方集体力量因地制宜、取长补短、各尽所能的合作办学的体现。

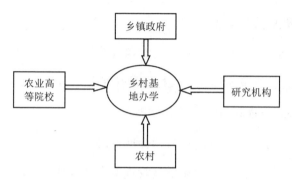

图 6-5　乡村基地办学模式的参与方

第二节　农科类复合型人才培养体制政策

一、革新人才培养思想观念

1. 注重综合素质的培养

长期以来，专才教育在本科人才培养过程中一直有较深的影响，国内大多农业高校在知识结构组织方面往往侧重于学生知识和技能的培养，而对综合素质的培养则重视不够。随着社会经济和现代农业发展，专才培养模式已不能完全满足社会行业发展的实际需要，用人单位越来越倾向于招聘既能懂专业技术，又具有较高综合素质的复合型人才，这也给农业高校人才培养提出了新要求。人才培养不仅要注重专业技能的培养，也需要重视学生人文素养、社会责任、身体素质、适应能力等非专业技术方面的培养，尤其要加强学生实践动手能力的培养，从多角度、多方面入手，对学生进行综合素质的培养，以实现知识、能力和素质综合发展的目的。

2. 重视学生个性的发展

我国大多数高校在人才培养目标上强调全面发展，但对人才素质要求存在模式化和理想化现象，对学生个性发展容易忽视。在经济和科技快速发展的当代，学生个性的自由发展与共性发展相结合，能有利于个体的全面发展。一些国外高校在复合型人才培养管理中也体现出了这一特点，例如，美国爱荷华州立大学在课程设置与选课方面，会着重依据行业市场状况和用人单位招聘需要，不但结合学科专业设置必修基础课程，也会强调文理学科渗透，增设跨学科门类的学习课程，鼓励学生进行跨学科学习和研究。兴趣是最好的"老师"，农科类复合型人才培养，也需要突出"以人为本"的教育理念，让学生都能找到自己的学习兴趣，结合个体兴趣爱好来获取相关知识，这要求高校采用不同培养方式，以满足学生职业自主发展的需求。

3. 注重人才培养目标的优化

人才培养目标是通过教育"培养什么人"的总要求，知识、能力和素质是人才组成的"要素"，农科类复合型人才的培养目标也将基于人才的三要素进行构建。

有关农科类复合型人才的培养目标，建议在知识、素质和能力的人才三要素基础上进行拓展，增加对学生研究技能与服务意识的培养，即知识、能力、素质、研究技能和服务社会意识（见表6-4）等五个方面。通过培养和提高研究技能，有利于学生学术研究能力的提高，为今后从事研究型工作打好基础；通过培养学生的社会服务意识，为今后走向社会，从事岗位工作做准备。

表 6-4　农科类复合型人才培养目标构成及相应内容

培养目标构成	主要内容
知识	工具性知识：文献检索、外语、计算机、学习方法、思维判断方法等 专业知识：农科类专业理论、专业知识、专业技能 综合性知识：复合型人才公共能力、通用素质必备的理论或操作性知识
能力	公共能力：学习能力、思考能力、交流沟通能力、信息处理能力等 专业能力：专业学科知识能力、专业技能、跨学科学习能力等 发展能力：社会适应能力、合作能力、创新创造能力、解决问题能力等
素质	基础通用素质：基本技能（口述、表达、阅读等），思维技能（分析事物规律、发现问题，解决问题），品质（责任感、敬业精神、社会道德） 专业素质：专业兴趣、专业情感、专业信念等 综合素质：有政治觉悟、道德修养，有审美意识，德智体美劳全面发展
研究技能	选择课题、调查搜集信息资料、科学分析、归纳创新、撰写分析报告等技能，接受学术训练、开展基础研究和技术创新、完成独立研究等
服务社会意识	社会责任感，勇于承担社会义务；有社会服务观念、热爱集体、有乐于奉献风格；服务于国家和社会，维护社会集体利益等

来源：根据人才要素结构拓展整理

二、优化调整高校人才培养政策

1.优化复合型人才培养的跨专业学习机制

高校除了在思想观念上重视复合型人才的培养与管理之外，还需要在政策方面提供支持，合理适宜的政策是复合型人才培养管理的有力保障。为了便于农科类复合型人才的培养，建议农业类高校建立、健全有关复合型人才的培养政策体系，以鼓励学生们辅修其他专业，接受"双学位"教育。例如：鼓励学有余力的农学类专业学生攻读第二学位或辅修多个专业；开设多类专业选修课，让学生能根据自己兴趣爱好并结合个体职业需要自由地选择专业；加强与社会用人单位的联系，为企业定向培养跨学科专业、多种学科知识背景的人才。

2.优化复合型人才培养的激励政策

西方国家许多高校在复合型人才培养的过程中，会采用一些相关的激励政策，包括：倡导院系实施跨学科专业教育，鼓励教师们开展跨学科专业教学，支持学生来辅修多个不同专业等。例如，美国的南加州大学在复合型人才培养管理方面，设置了专项基金作为跨学科专业学习的奖励，对辅修不同专业和攻读"双学位"的优秀学生，均给予一定的奖金支持，以完成跨学科专业的学习。我国农业高校在这方面也可以借鉴国外高校的做法和经验，在培养复合型人才的过程中，建立一套相关的激励机制，以保障农科类复合型人才的培养。

三、革新政府主管部门的管理体制

1.调整政府的宏观管理职能与权责范围

制定适宜的教育方针政策，并科学合理的执行，是高等教育事业取得成功的重要保障。调整政府主管部门与高校的权责范围，进一步优化高等教育管理体制。具体为：其一，明晰政府主管部门对高校管理权限，明确高校自主权职责与范围；其二，提高政府管理决策科学性，避免政策失误、决策失灵现象；其三，加强教育管理行政机构制度化建设，避免过度管理、效率低下。

2.完善政府的服务职能，优化教育资源配置

教育管理中的服务意识能有效地促进高等教育工作，建议政府主管部门树立一定的教育服务意识，改进管理方式，对高校的行政审批事项进行规范化，减少过多审评的环节，将主要精力放在教育政策和宏观方针的指引上，保障高校依法行使办学自主权和承担相应责任。教育主管部门需完善公共财

政保障机制，优化教育资源配置，扶持地方和经济欠发达地区高等教育的发展，避免出现地区高等教育发展差异化和不平衡的现象。此外，可考虑引入高等教育中介机构，对高等教育的质量进行监控和评估的同时，完善教育信息公共平台，为高校教学改革和人才培养工作优化而服务。

3. 建立政府主导的多元参与教育办学的体制

建立政府主导的多元化参与教育办学的机制，有利于拓展多元化的教育财政渠道，能充分提高社会组织广泛参与高校办学的积极性。与西方国家相比，我国在高等教育和办学方面，社会第三方组织参与的程度不高，建立由政府主导的、多元化参与教育办学的体制有一定必要性。因此，建议成立由政府主管部门代表、高校领导、社会机构组织人士、学科教师等组成的主管理事会，改变传统的行政管理方式办学体制，实施多方参与式管理模式；改变学校内部"自我式"的决策方式，形成利益相关者共同讨论和决定治理的模式，以推动高校教育发展适应社会发展的需要。

第三节　农科类复合型人才培养教学管理

一、人才培养跨学科专业设置

专业设置是培养复合型人才的重要体现，也是复合型人才培养的"先导"。目前，我国部分农业高校的专业设置仍存在过多、过窄、过细的现象，"专业化"色彩过浓的学科，通常让学生较早地进入专业的学习，致使"通识基础"相对薄弱，学生难免存在思维缺陷、视野宽度不够、认知和实践能力不强的问题。专业的修订与设置，对于改变过去过分强调专业"对口"的状况，进一步增强适应性，培养基础扎实、知识面宽、能力强、素质高的农科类复合型人才具有一定现实意义。

因此，建议从农科类复合型人才培养的实际需要出发，拓宽农科类本科专业的口径，设置较多跨学科专业，专业口径相对较宽，人才的知识面才可以宽广，方能适应不断变化的社会人才市场需求。拓宽专业口径从本质上说是从"专识化"向"通识化"靠近。农业高校可以尝试在本科第一阶段的教育中突破专业的限制，按学科大类进行招生，逐步推出"生物＋农业""外语＋农业""农业＋信息""农业＋管理""农业＋法学""农业＋经贸"等复合型人才培养的专业模块方向，让学生在宽广的知识面上逐步寻找兴趣点，并在此基础上从容地选择专业方向。此外，高校也可以结合社会经济发展、农业行业领域前沿市场信息、涉农类行业项目等现状，整合不同的学科专业，来设置农科类复合型人才的培养方向（见表6-5）。

表6-5　涉农类项目经营复合型人才培养方向与涉及的学科专业

行业项目	复合型人才类型	所涉及的学科专业
葡萄酒项目经营	葡萄酒项目经营复合型人才	葡萄种植、葡萄酒酿造、食品科学、农业经济学、农业经济管理、国际贸易、市场营销等
绿色食品项目	绿色食品项目复合型人才	农学、作物栽培与种植、食品安全管理、自然环境、食品科学、经济学、企业管理、市场营销等
农产品国际贸易	农产品国际贸易复合型人才	农学、食品科学、国际贸易、市场营销、企业管理、工商管理、法学、外语等
农场经营	农场经营管理复合型人才	植物学、农学、环境科学、生态学、自然环境、食品科学、农业经济学、农业经济管理等
农业旅游	农业旅游复合型人才	农学、环境科学、生态学、自然环境、旅游学、经济学、工商管理、市场营销等

复合型人才培养专业模块的构建主要涉及专业和课程的构建，以"外语＋农业"为例，在"一带一路"的不断推进和农业"走出去"步伐加快的背景下，农业领域的国际合作在逐渐增多，对外语较好的农科类专业人才需求将会增加，我国农业高校可根据本校的优势与特点，建立专项人才计划，以培养涉农类国际化人才。因此，要摒弃那种重"农业""农科"教育，而忽视"人文"与"语言"专业教育的思想，敢于突破传统专业概念，调整专业结构，在外语类专业基础上，整合外语、农学、经济、管理、政治、法律等已有的学科资源，加强不同学科专业之间的交叉与融合，构建"外语＋农科类"的国际化、复合型的专业教育（见表6-6），积极尝试"双语式"，甚至是"多语式"课程设置与教学，培养既懂农业，又能具备较高外语听、说、读、写能力的涉农类国际人才。

表6-6 "外语＋农业相关"复合专业设置及培养发展方向

外语类	农科类专业	培养发展方向
英语	农业经济学、农业经济管理	外语＋农业经济管理
俄语	农学、国际贸易	外语＋农业国际贸易
西班牙语	农学、生物技术	外语＋农业生物科技
日语	食品科学、食品安全管理	外语＋农产品、食品
法语	农学、法学	外语＋农业法律顾问
德语	农学、金融类	外语＋农业金融投资
……	……	……

跨学科专业设置直接影响着农科类复合型人才的培养，基于以上人才培养跨学科专业设置的实践探索，给出一些参考的建议以指导跨学科专业的设置：

其一，学科专业的设置能直接与课程的组织和教学进行对接，建议教育部将学科专业的部分设置权限下放到农业高校"手中"，农业高校在拥有专业设置与调整的自主权后，可以更加灵活地针对社会人才市场发展与涉农类用人单位的需求，来优化和调整跨学科专业的设置，有利于培养社会所需的各类人才。

其二，目前，大多数高等院校在设置和发展跨学科专业方面缺乏动力，国家教育管理部门有必要给予一定的支持，以推进跨学科专业设置改革。建议我国教育部及负责专业设置管理的委员会，对于探索专业设置的高校给予鼓励和支持，比如，针对专业创新设置、跨学科专业增设的高校，在评价教育、教学成果方面给予表彰。

其三，目前跨学科专业教育的模式主要有：不同学科双学位教育、跨学科第二学士学位教育、跨学科主辅修制等方式。对农业高等院校而言，如果不能在全部学科推开，建议从农学、经管、生物、理科等专业复合和跨学科专业设置中率先尝试，可以在农科类专业教育中与其他学科专业进行适当组合，组成综合型的农科类复合型教育专业，同时鼓励农科类院系试点"个性化专业"设置和资源组织的探索。

其四，在农科类复合型人才培养中，如果涉及多个学术性系科或多个学科门类专业的跨学科教育，可由高校教务处或教育组织部门牵头，联合三方院系或多个不同院系来共同整合各学科资源优势，组建跨学科专业。为确保复合型人才培养工作顺利进行，实施学分制课程学习模式，允许不同学科专业学生自由地跨院系选修课程。此外，农业高校可不断改进与完善以学分为基本核算单位的拨款方式，以确保学生能无障碍地跨院系学习不同专业课程，形成宽厚的知识基础结构。

二、优化教学内容和课程设置

课程内容设置是复合型人才培养工作的基础，其内容设置要涵盖知识、能力、素质三部分，让学生通过课程内容学习具备宽广的知识基础，具备较强的综合素质与社会适应能力。因此，教学内容和课程设置要讲究一定的科学性和合理性，要不断优化教学知识结构和课程设置体系，变传统的"知识本位"为"能力本位"，以培养"一专多能"的复合型人才。具体建议如下：

其一，坚持专业知识理论教学的基础地位。现代科学技术发展迅速，各种专业知识的课程学习量在不断增加，但基础理论是相对稳定的，大量知识也是从稳定的基础理论中派生而来的。在校大学生要在短短的本科学习阶段掌握多个专业的知识和技能是相对困难的，掌握了基础的科学理论知识，能有利于理解所属学科的思维方法，从而有利于在今后的学习和工作中进行知识迁移和拓展应用。基础理论教学是人才培养的基础，对学生思维意识培养、宽厚知识基础形成、学习能力的培养起到基础的作用，也是保障高校本科基础教育质量重要环节，因此要重视和加强基础理论课程教学。

其二，加强文理结合跨专业课程设置。文理渗透是当前教育改革的趋势之一，也是改变我国传统高等教育的人才培养模式所造成的知识面狭窄、社会适应性不强现象的有力措施。因此，有必要改革现有的高等教育课程体系，建立相对平衡合理的课程体系，开设文理学科交叉类课程，以改变以往"自然科学、社会科学、工程技术、人文艺术等学科的人为分割、存在偏斜"的现象。

在跨专业课程设置方面，建议围绕知识、素质和能力构建"通识课程＋核心课程＋拓展课程＋方向课程"的课程结构体系（如图6-6所示），这样便于"文理交叉"类或多学科专业交叉的课程组织与建设，鼓励学生们跨专业学习各类不同课程，以拓宽知识基础，为未来的学习和工作打基础；相对平衡合理的综合性课程体系，将有助于高校传授各类科学知识，也有助于培养学生基于各类知识的融会贯通以形成创造性思维意识，从而提高个体创新能力。

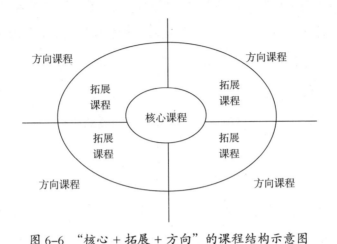

图 6-6　"核心 + 拓展 + 方向"的课程结构示意图

其三，结合学科特色，增设综合类课程。综合类课程，通常利用集成方法进行组合，是本科教育课程结构改革的关键，也有利于复合型人才的培养。构建综合类课程的目的，是通过课程范围内合理的综合知识体系，既能帮助学生解决学习与专业知识建构中的问题，又能有利于学生形成多角度的认知方式和整体性思维，便于探究意识与态度的形成。多种学科专业课程内容的结合，能拓展学生的学习空间和知识面，有利于学生学习掌握不同类型知识，促进实践能力的发展与提高。

其四，补充研究型的课程。开设并增补研究型课程，是高校科研与教学工作相结合的一种较好模式，能将本科阶段的人才培养纳入科研工作中，让本科生享受校内相关科研资源，了解到行业领域的科研动态。此外，通过研究型课程的学习，锻炼学生利用专业分析问题的能力，有利于培养学生的创造性思维，以及提高实践能力。

三、人才培养教学方法

教师是完成教育教学任务的主要执行者，也是教育教学过程的管理者，在人才培养过程中，教师的教学工作起着关键的作用。对高校教师而言，可在我国农业高等教育改革的总体指导方针下，积极探索教学方法的创新，努力实践多样化的教学方式方法，并结合人才培养的目标要求，做到具体情况具体分析，并实时进行因材施教，以提高教学的效果和质量。

1. 针对知识传授、素质和能力培养选择适宜教学方法

每种教学方法都有各自的优势，像课堂讲授法、讲解法、读书指导法、演示法等有利于传授知识；像练习法、实验法、实习法有助于形成专业技能与技巧，而问题发现式教学法和探究式教学法，则更有助于学生的创新思维、意识的培养，也有利于锻炼利用专业知识发现问题和解决问题的能力。农科类复合型人才培养，对我国农业高等院校提出了较高的要求，面对人才结构中的素质、知识与能力的不同要求，教师们需要选择适宜的教学方式与方法（见表6-7）。

表6-7 知识、素质、能力培养的基本要求及常用教学方法

分类	基本要求	常用教学方式、方法
知识方面	较宽的知识面、扎实的基础、能掌握多门学科专业知识	课堂讲述法、讲解法、讨论法、读书指导法、演示法、基于MOOC平台的混合式教学法等
素质方面	身体健康、身体素质好、心理素质较好、爱岗敬业、良好的团队合作精神和职业道德素养等	练习法、实验法、实习法、案例教学法、实践教学法、行动教学法、团队教学法等
能力方面	沟通能力、组织能力、处理问题的能力、团队协作能力、人际交往能力、写作表达能力、创新意识、外语类应用能力等	示范教学法、实习作业法、问题发现教学法、探究教学法、任务型教学法等

2. 探索多样化的教学方法

课堂讲授法在高校教学模式中占主导的现象仍然存在，在激发学生的学习兴趣方面则相对较差，学生的学习主动性会受到一定的影响，这种相对单一的教学方式，也会制约着课堂教学和知识传授的总体效果。多元化的教学和学习方式已成为高等教育的主题，从传统的"讲授型"教学向"多元化"课堂教学转变已越来越受到关注与认可。建议在人才培养中，实践"多元化"的课堂教学，例如：采用多媒体教学以丰富教学环境，增加日常教学中的趣味性；采用情景教学，丰富课堂活动多元化，培养学生的交际、组织、协调、实践等能力；课堂教学中，实施主动探索式教学，有利于调动学生积极性，有助于培养自主学习的习惯。

3. 注重因材施教与个性差异化教学

"因材施教"是高校教学中的一个重要原则，它对教师、家长、学校以及教育公平的实现均具有重要的意义。学生个体在原有知识基础、爱好兴趣、学习认知习惯等方面存在一定差异。因此，在人才培养过程中，教师有必要依据因材施教的原则，结合学生的学习能力、认知水平、兴趣爱好等方面的差异，开展有针对性地教学，以便调动学生的积极性，发挥个人特长。除此之外，学生的认知水平、学习能力以及个体素质会受到个体认知规律的影响，基于学生个性化差异选择合适的教学方法尤为关键，根据教学情境和教学进度的状况，灵活选择适宜的教学方法，不但能激发学生的学习兴趣，还能为人才培养工作的顺利进行提供保障。

四、人才培养教学评价

教学评价是高校人才培养管理的重要环节之一，也是课堂教学方法改革的"指挥棒"，对教学工作的评价是否恰当，会对教育工作和人才培养有一定影响。笔者认为，针对复合型人才的培养，农业高校可基于"以人为本"的原则，以多元化、多角度为出发点，来实施教学评价。

1. 基于"以人为本"的原则开展教学评价

其一，从学生的感受去开展教学评价。学生是学习的主体，对教学的评价也需要从学生们的感受和体验来进行，多角度地来了解学生的学习感受，从而有利于教学的改进与完善。如何去了解学生的感受呢？通常有几种途径，如：在教学中，可通过观察学生在课堂上的言行、举止、表情等，从侧面去了解学生对教学的感受；课堂教学结束后，也可直接与学生进行交流，了解对教师课堂教学的收获、存在问题、对教学的建议等；在平时，可采用调查问卷的形式，向不同层次的学生了解有关学校教学的模式、方法与效果等方面的感受和看法，并客观地总结学生的感受，作为教学评价的一项重要依据。只有充分地了解学生对教学的感受，方能真正从学生的实际出发，以便树立"以学生为本"的正确教学观和开展高效率的教学活动。

其二，从学生全面发展的角度评价教学。随着现代农业发展，用人单位对人才的知识、素质和能力等要求在提高，为了适应将来日益激烈的竞争，学生应力求在品德、才智、素质等方面的全面发展，这不仅是个体发展的要求，也是适应未来工作的需要。因此，高校教学评价也应基于学生全面发展的原则来进行，不仅要评价学生获得专业知识与技能的情况，也要关注学生在情感、素质、价值观、能力等方面的发展状况；基于全面发展的原则，能使教学评价更贴近社会发展和个体需要，能有利于培养出适合社会和时代发展所需的有知识、有能力、身心健康、素质相对较高的综合性人才。

2. 基于多元化原则开展教学评价

农科类复合型人才培养是一项复杂的教学工作，以学习成绩和考试分数为主的传统教学评价模式中教学评价不科学、不完整的弊端日益凸显，有必要对教学评价方式进行优化，以建构多元化的教学评价体系。

其一，构建多样化的评价内容。农科类复合型人才，通常要求个体的全面发展，因此，针对教学工作的评价内容除了学科知识的目标之以外，还应包括学生的道德品质、个性与情感、能力的培养与提高等内容。具体为：首先，道德品质包括：爱国家、爱人民、有社会集体意识、遵纪守法、自律、有公共道德意识、有社会责任感等。其次，个性与情感包括：对工作、学习、生活有着积极的情绪与情感；积极、乐观地对待挫折；有勤奋、自律、自强不息等优秀品质。最后，能力培养方面则涵盖：组织协调能力、沟通能力、团队协作能力、交际能力、学习能力、写作能力、外语类听说读写能力等。评价内容的多样化，有利于全方位地评价学生个体和促进其全面发展。

其二，多元化的评价主体。学生是学习的主体，在高校教学和人才培养中是重要参与者，所以要改变过去仅由教师来评价学生学习的模式，把教师评价与学生自评相结合，让学生也参与教学评价工作。在人才培养中，社会企业、行业组织、政府机构的人才标准反馈意见尤为重要，尤其是社会用人单位对毕业生的能力、专业知识、专业技能、道德修养等评价是比较客观的，这些反馈意见对高校课程设置、教学内容、教学方法和评价等改革有重要参考作用。所以，教学评价的主体不能局限于高校教学管理部门、教师和学生，社会企业、社会事业单位机构、学生家长等不同层次的群体也可以成为教学评价的主体，此举能最大程度地发挥社会评价与监督效应，也能更全面地反映高校教学中实际存在的问题，从而有利于改进高校教学和人才培养工作。

其三，多样化的评价方式。教学评价活动是一项相对复杂的工作，涉及教育过程的方方面面，任何一种评价方式都不是万能的，在教学评价中可根据评价的目标、对象和性质，灵活地选择不同的评价方式，甚至是采用多种评价方式以提高评价的可信度，如：开放式的质性评价方法、自评与互评相结合、多层次互评相结合、形成评价与终结性评价结合、定性评价与定量评价相结合等不同的评价方式。随着教学评价研究的发展，评价的方式与手段也在不断发展，把各种评价方式在教学实践中结合起来并灵活使用，将是今后教学评价工作值得关注的方向。

五、人才培养的师资队伍建设

教师在培养人才中起着较为关键作用，农科类复合型人才培养，需要多元化知识背景的教师团队来负责教学，多元化知识背景的教师团队，需要不同的学科和专业，甚至不同院系的专业教师的联合与协作。针对农科类复合型人才的培养，农业高校可以成立专门的负责管理部门，进行复合型人才培养师资队伍的协调与组织。其一，倡导并组织不同学科专业的教师跨专业、跨学科、跨院系开课和进行科研交流，拓展教师的高质量教学与科研成果的受众范围，充分组织不同学科优秀教师进行授课，以完成农科类复合型人才的培养。其二，构建多元化专业背景的教师队伍，一方面要鼓励非农科类专业的年轻教师辅修或学习农科类专业的课程，以增强农科类专业知识的水平；另一方面，号召农科类专业的教师，加强人文社科类、经济、管理类等非农科类专业知识的学习，或者加强与非农科专业教师的业务交流与合作，共同实施课程教学和人才培养工作。其三，也要注重引进校外、海外的优秀教师，针对农科类复合型人才的培养，聘请不同学科专业知识背景的专家、教授和知名教师，充实到复合型人才培养的师资队伍中。

第四节　农科类复合型人才培养办学管理

一、基于"产教融合"原则，探索校企联合办学

"产教融合战略"是我国高等教育发展的必由之路，该模式能让学校与产业发展紧密地联系在一起，便于发挥高校为社会经济和产业的发展培养人才的服务功能。同时，借助于产教融合模式，促进高校教育与社会产业的深度合作，有利于高校的教育、教学改革，也能有效地提高人才培养的质量。目前，常见的校企合作办学的模式有："企业引进式"合作、"订单培养式"合作、"校企互动式"合作等，农业类高校可针对农科类复合型人才的培养，结合学科专业、行业领域和社会企业规模等实际状况，将不同类型的办学模式进行综合运用，以便实现双赢的目的。

1. 增设校企联合办学的管理部门

在校企联合办学中，农业高校可先从组织机构入手，根据不同专业的特点与要求，分别聘请行业内专家、企业管理人员、用人单位招聘负责人等，与校内的教师共同组建"专业教学指导机构"。该"专业教学指导机构"的主要职责是分析社会人才市场对农科类复合型人才的需求与规格标准，结合高

校教育确定人才培养的目标，优化教学计划和培养方案，并协调实践教学、校外实践和社会实习等，以有效地培养人才。通过建立"专业教学指导机构"，明确了以社会人才市场对复合型人才需求为导向，以专业知识学习、素质培养、能力提高为目标，进行复合型的人才培养工作。

2. 扩大联合办学范围并加强产学研合作

校企双方在联合办学过程中，要尽可能充分地利用好各种资源，扩大联合办学范围。其一，农业高校可选派专业教师、行业专家、研究人员到社会企业挂职，参与企业的新产品研发、技术培训、生产管理优化等，为企业提供科学技术革新的服务支持。其二，社会企业也可以选派其管理人员、技术人员、项目负责人员等赴高校从事兼职授课工作，为学生讲授行业内社会知识、前沿动态问题、从业经验等内容；此外，企业也可以为高校提供实习的场所，在办学场地、设备、资金等方面为高校提供一定的支持，以实现资源的共享。其三，按照"订单式"合作办学模式所培养的人才，通常比较接近用人单位的人才要求及标准，高校可优先为企业输送所需的毕业生，用人单位也可为毕业生的就业与创业提供支持。

3. 结合社会市场需求深化教育改革

由于科技的不断进步、社会产业结构的不断变化，社会职业也呈现出综合化趋势，一些跨行业领域的职业在不断出现，这就要求高校的专业设置，要与社会经济发展和职业变化相契合。因此，农业高校在联合办学过程中，可充分考虑用人单位的人才要求标准和建议，根据涉农类行业的特点，做好市场人才需求的调研和分析工作，在此基础上制定长、短期教育发展规划和复合型人才的培养计划，根据社会需求开设新专业或优化目前专业设置，培养与社会需求相适应的农科类复合型人才。例如，目前国内对绿色食品的关注度和需求量在提高，一些企业或个体机构近几年在不断地转向农业项目的投资与经营，租用国内外土地经营农场，对农场经营方面的人才需求将会增加，我国农业高校在深入了解农业发展和人才市场情况后，可考虑增设农场经营方面的专业，或者优化目前的相关专业，以便培养需要的农场经营类复合型人才。

4. 规范实习管理以强化能力训练与培养

在复合型人才的培养中，强化技能训练、突出能力培养是一项重要的内容。为此，高校各专业要根据教学计划，制定一系列技能训练和能力培养的项目，对学生开展强化技能的训练；同时，充分发挥企业的作用，到联合办学单位进行现场教学，理论与实践紧密地结合，增加学生学习的兴趣，培养学生在实践中发现问题、解决问题的能力；定期地组织学生到社会联合办学单位进行实习，以培养和提高学生的综合素质、独立工作能力、技术操作水平、合作能力、职业能力等。

此外，学生在实习期间，高校不便于集中进行管理，很容易造成"放任自流"的现象，达不到预期的实践效果。因此，高校可与实习单位共同建立规范化的实习管理办法，以便加强对学生工作实习的管理，如：制定《学生实习管理条例》，学生在顶岗实习期间要遵守员工管理制度，委派专任教师负责管理学生实习，高校定期与实习单位交流学生的实习情况等。通过规范实习管理，让学生切实地完成社会实践和顶岗实习，加深对所学知识的理解，并能在实际工作中做到"活学活用"，从而有利于学生综合素质的培养和实际工作能力的提高。

二、农业高校"走出去"，探索多层次海外办学

1. 海外办学必要性

其一，推进"一带一路"的需要。农业国际化合作是"一带一路"的一项重要内容，"一带一路"沿线的国家较多，这些国家之间的历史、文化、国情、民情等方面均存在差异，如果能通过高等教育来培养既熟悉中国国情和文化，又能熟悉所在国地区的国情、民族、文化等方面的国际型农业类人才，则能更好地服务于"一带一路"的推进。通过在"一带一路"的沿线国家开展境外办学，国内农业类高校可系统地展示我国的农业高等教育，促进国际农业教育与文化方面的国际交流合作；还能培养国际化的农业类人才，以达到更好地服务于"一带一路"农业国际化合作的目的。

其二，我国农业"走出去"的需要。基于"一带一路"发展战略创造的便利环境，我国农业"走出去"步伐在加快，一些国内涉农类企业正在"走出"国门，参与到全球范围的经贸合作与市场竞争。我国农业"走出去"需要各种类型的人才作为支撑，如：涉农类跨国经管类人才、农业种植技术类人才、国际贸易人才、外语翻译类人才等。我国的农业类高校开展境外办学，不仅能为各国培养农业类相关的科学技术人才，还能为我国涉农类跨国经营企业培养熟悉所在国国情、风俗习惯、国际惯例政策等方面的国际型人才，以满足我国农业"走出去"的人才需要。

2. 海外办学模式

国际化，已成为当今高等教育发展的趋势之一，高等教育国际化并不仅指学生出国留学和中外合作办学，它涉及多种教育形式，在海外创办学校也是一种比较常见的模式。截至目前，我国农业类高校"走出去"并开展境外

办学的先例相对较少，农业高校可参考"孔子学院"的教育模式，在扩大吸收沿线国家留学人员的同时，利用好各种资源和渠道，与"一带一路"沿线国家的教育机构或院校进行合作，实践海外办学模式，共建大学或开办分校，为我国农业"走出去"培养国际化的人才。

国内农业类高等院校"走出去"，开展海外办学可采用如下两种模式：

其一，境外合办大学模式。我国的农业高校可以与海外某高校进行合作，依靠两所高校的办学资源和优势，共同在海外创办一所新型的国际院校；在教育要求方面，通常要达到两所合作高校的教学要求和标准，并接受两国高等教育机构的认证；学习年限方面，两所大学可以采取"2+2""2+1+1""1+2+2"的学制管理方式，学生成绩合格并达到毕业要求后，可获得合作办学国家承认的毕业证书和学位证书。

其二，境外设立分校模式。我国农业类高等院校，也可以在境外建立分校，直接招收海外学生，开展涉农类国际人才的培养。学生在本国的分校接受国际教育，学习各类专业课程，在成绩合格并达到毕业要求和规定后，可以获得我国农业高等院校的相应毕业证书和学位证书。我国农业类高等院校在境外设立分校时，可以依靠自身的资源和力量单独建立分校，也可与当地政府的教育管理部门进行合作建立分校。

3. 海外办学教育管理

中国农业高校"走出去"开展海外办学，国际化的教育管理与高效率的外事工作是一项重要保障，也是在办学过程中"国际化教学"与国际化人才培养的一项重要保障，建议可从以下几个方面来做好教育管理的保障工作。

其一，院系是学校发展的重要基础单位，因此要充分调动本校院、系的积极性，形成学校为主导，各学院为主体，各学科为基础，科研专家、教师为主角的多领域、多层次、多形式的国际教育交流与合作的格局。

其二，完善关于国际合作办学、海外独立办学、学术会议、科研引智工作、留学生教育、教师出境交流学习等方面的相关规定和管理办法，使涉外教育管理及外事工作程序规范化，以更好地保障国际交流与办学工作。

其三，根据学校海外办学需要，可增设专门的外事工作及管理岗位，补充涉外管理干部，建立、健全涉外办学与国际教育合作的专兼职管理队伍。通过开设英语口语学习培训班、组织涉外管理人员开展业务培训、选送涉外管理干部出国研修等措施，以提高涉外管理队伍的整体素质。

其四，为了提高教育管理和外事工作的效率，学校可专门建立针对"国际化教育"的评估机制和奖惩办法，对于在海外办学中成绩突出的学院、单位及个人给予一定奖励；为了鼓励国内农业高校的教师积极尝试和探索"国际化教学"的模式，可将"国际化教学"能力列为教师评定职称或晋升的一项参考标准，以达到提高学校的"国际化教学"水平的目的。

本章小结

"一带一路"的倡议推动了农业"走出去"的步伐，涉农类跨国经营企业对农科类国际型人才的需求将会增加；现代农业多元化发展与乡村振兴战略的实施，也需要各种农科类的人才作为支撑；基于涉农类企事业单位的人才需求调研分析，本章分别对国际农经类复合型人才和农业产业化发展管理复合型人才的培养模式进行了创新实践。并在国际农经类复合型人才和农业产业化发展管理复合型人才创新实践的基础上，基于人才培养模式的相关理论，针对农科类复合型人才的培养，从管理学角度提出几点对策，即：高等教育中需要革新人才培养的思想观念，高校需要对人才培养的机制进行调整与优化，政府的教育管理部门需要对教育管理体制进行优化与改革。此外，高校也需要从人才培养目标制定、跨学科专业设置、教学管理、教育办学管理等方面主动地进行调整与优化，以便更有效地开展农科类复合型人才的培养工作。

第七章　研究结论与展望

第一节　研究结论

一、主要研究结论

本文通过一系列的研究，得出了以下主要研究结论。

1. 涉农类用人单位对农科类人才的聘用在发生变化，倾向于聘用复合型的人才

通过对涉农类用人单位的农科类人才需求进行调研与分析发现，用人单位对农科类人才的知识、素质、能力等方面均有相对具体的要求，所需要的农科类人才，倾向于那些宽厚基础、一专多能、综合素质高、社会适应性强、具备各种较强能力的复合型的人才；针对农科类专业毕业生的聘用，一专多能的复合型农科类人才将会越来越受到涉农类用人单位的青睐与认可。

2. 高等农业教育在过去一百多年中经历了曲折发展的历程，农科类人才的培养也在由"专才教育"模式向"厚基础+多方向"的复合型人才模式转变

回顾自清末至今我国高等农业教育一百多年的发展历史，高等农业教育

经历了从无到有、曲折发展的历程，农科类人才的培养，从以"专才"为培养目标的教育模式在向以"复合型""综合型"人才为培养目标的教育模式演变。回顾农科类人才培养模式的演变历史，有一些值得借鉴的经验：农业教育有其发展规律，要与大环境中高等教育发展规律相符合；农业高校开展人才培养工作在借鉴国外高校教育和人才培养特点与实践经验的同时，要立足于本国的国情和民情，结合国内农业经济发展状况和社会人才市场的需求状况来进行；高等农业教育与社会的政治、经济、社会发展密切相关，要始终坚持"教学、科研、生产三结合"的办学道路；农科类人才培养需要不断地更新教育的思想观念，要注重协调统一的全面发展观。

3. 针对农科类本科人才培养，西方大多数高校有其特点，例如：实施跨专业设置、实践跨学科教育与研究、开展多样化教学、高度重视学生能力的培养、大力发展国际化教育等，这些实践经验对我国农业高校有一定借鉴意义

通过对荷兰瓦赫宁根大学、法国昂热高等农学院、澳大利亚阿德莱德大学、瑞士伯尔尼科技应用大学的农科类本科人才培养模式进行个案分析后发现，这几所高校的人才培养模式存在一些共同特点：注重与涉农类企业联系，积极开展合作办学培养人才；注重拓宽跨专业设置，积极开展跨学科教育与研究；注重多样化教学，重视综合素质与能力培养；重视实践教学，切实提高学生专业技能与实际工作能力；注重国际化教育，培养国际化农科类人才；注重产学研合作的层次与深度等。外国高校的这些实践经验和特点，对我国农业高校培养农科类复合型人才有一定启示与借鉴价值。

4. 针对农科类复合型人才培养，我国农业高校在教学方法、教学评价、创新能力培养、实践教学保障、农科类国际化人才培养等方面存在一些问题，

这些问题与政府部门和高校的教育管理有一定关系，会对农科类复合型人才培养有一定的影响

农业类高校是我国农科类复合型人才培养的重要单位，在对比外国高校农科类人才培养模式特点的基础上，通过对中国农业大学、浙江大学、H农业大学、T农学院等四所高校农科类人才培养模式现状的调研与分析后发现，我国高校农科类人才培养中存在一些相同问题，如：人才培养方案制定与优化缺少社会行业机构组织的参与、人才培养目标存在趋同性、理论性课程仍占主导、教学评价主体相对单一、对学生创新意识和能力的培养存在不足、实践教学质量保障与农科类国际化人才培养存在欠缺等。分析产生这些问题的原因，与政府主管教育部门、农业高校政策机制、高校教学管理等有一定关系，这些问题的存在会对农科类复合型人才培养产生一定影响，需要从思想观念、政府管理体制、高校教育政策、教学评价与管理、师资团队建设、教育办学等方面进行优化，以便能更有效地推动和开展农科类复合型人才的培养。

5. 农科类复合型人才培养模式的管理对策与优化建议

基于涉农类用人单位的人才需求，分别对国际农经类复合型人才和农业产业化发展管理复合型人才的培养模式进行了实践与探索。结合复合型人才培养实践和我国农业高校在农科类人才培养中存在的问题，从公共管理学角度，对农科类复合型人才培养的提出一些对策，具体如下。

其一，从思想观念上重视复合型人才的培养，在人才培养中，重视学生综合素质的培养、重视学生个性的发展、重视人才培养目标的及时优化，并不断地调整与优化人才培养的跨学科专业学习与激励的政策。

其二，在政府管理政策体制方面，建议政府教育主管部门进一步调整与

优化宏观管理职能与权责范围，完善政府的服务职能、优化教育资源配置，建立由政府主导的多元化力量参与教育办学的机制，以便推动农科类复合型人才的培养。

其三，跨学科专业设置，是农科类复合型人才培养的"先导"，建议农业高校不断地尝试和构建不同的跨学科专业，围绕农业科学为基础，与经济学、管理学、工学、理学、法学、外语、社会科学等其他门类学科专业进行组合，以构建不同跨学科门类的专业，让学生能根据个体需要学习不同学科专业的知识，以便能具备宽厚的知识基础，为提高社会适应能力奠定基础。

其四，在农科类复合型人才工作中，需要不断地优化教学内容和课程设置，坚持专业理论课程的基础地位，加强"文理结合"的跨科专业课程设置，结合不同学科专业的特色优势增设综合类的课程，注意补充研究型的课程。此外，要构建多元化知识背景的教师团队，来负责跨学科课程的研发与教学工作。

其五，教学方法层面，结合人才培养目标的具体要求，注重采用多样化的教学方式；针对知识传授、素质和能力选择适宜教学方法，注重因材施教与个性化差异教学。

其六，针对农科类复合型人才培养，优化教学评价的方式与标准，即：基于"以人为本"的原则开展教学评价，从学生的感受和全面发展的角度开展教学评价，评价的内容、主体、方法等方面结合多元化原则来开展教学评价。

其七，针对高校办学，建议增设校企联合办学的管理部门，加强"产学研"合作、扩大联合办学的范围，结合社会市场需求深化教育改革，强化能力训练与培养、规范实习管理。此外，建议我国的农业类高等院校通过境外合办大学和境外设立分校的模式，积极"走出去"，开展海外办学，以便能更好地培养社会用人单位所需要的具有国际化视野的农科类复合型人才。

二、研究创新之处

本文在研究中的创新之处有：其一，从管理学角度，探究农科类本科复合型人才培养所需的政策机制、教学管理、办学管理等对策；其二，基于"人才"三要素概念，对农科类复合型人才培养目标的构建进行了拓展，围绕知识、能力、素质、研究技能、社会服务意识五个方面来制定，是一个创新之处。其三，结合人才培养模式基本概念，对国际农经类复合型人才培养模式进行了实践与探索；结合"产教融合"理念对农业产业化发展管理复合型人才的培养模式进行实践与探索。

此外，针对昂热高等农学院的农科类本科人才培养模式与特点，国内教育界还并未开始研究，本文基于人才培养模式的概念，尝试对该校的农科类人才培养模式特点进行了探究。在高校办校中，建议农业高校通过境外合办大学和境外设立分校的模式，通过农业类课程国际化、教育管理国际化，来探索不同层次的海外办学，是一个可能的创新之处。基于涉农类企事业用人单位的人才需求调研分析，概括用人单位对农科类人才聘用的倾向与要求，也是一个创新之处。

第二节　讨论与建议

一、农科类复合型人才培养的必要性与重要性

随着现代农业的多元化发展，以市场为导向的涉农类用人单位对人才的需求在不断变化，例如，乡村振兴战略实施过程中，"三农问题"的解决，需要各种类型的农科类专业型人才和复合型人才作为支撑；针对农科类人才的聘用，"一带一路"背景"走出去"的涉农类跨国经营企业越来越倾向于具有国际化视野的复合型人才；农业生物技术、数字化农业领域的人才市场，越来越青睐于综合型、复合型的农科类人才等。基于涉农类企业事业用单位的招聘调研与分析来看，复合型的农科类专业人才，将在涉农类用人单位的聘用中越来越占到较大的比重，农科类复合型人才的培养具有一定必要性和紧迫性。

农业高校是我国高等院校的重要组成部分，在农业经济发展培养农科类人才中发挥着重要的作用。关于复合型人才的培养，部分农业高校一直在积极实践与探索，有的高校是基于专才教育与通才教育相结合的方式来进行，也有的高校是基于"宽厚基础＋多方向"的方式进行人才培养，例如：中国农业大学："平台＋模块"培养模式；华中农业大学：两段式复合型培养模式；浙江大学：知识、能力、素质、人格四项并重的培养模式；H农业大学："311"培养模式等。针对农科人才培养模式，分别将中国农业大学与瓦赫宁根大学、

浙江大学与阿德莱德大学、H 农业大学农学院与昂热高等农学院、T 农学院与伯尔尼应用科技大学农学院进行了比较研究，发现国内的农业高校在农科类人才培养方面存在一些问题，即：实践教学不强、教学评价主体相对单一、创新能力培养不足、校企之间联系与合作不紧密、农科类国际化人才培养不足等。通过对中国农业大学、浙江大学、H 农业大学、T 农学院四所院校的农科类本科复合型人才培养模式的现状进行调研与分析，发现这四所高校存在培养目标趋同性、实践教学不强、创新能力培养不足、校企合作不紧密等问题。这些问题的存在，会对农业高校本科教育和农科类复合型人才培养有一定影响，需要进一步优化和调整，以便充分发挥农业高校培养适应社会发展需要的农科类人才的任务。

纵观西方国家高校的农业类本科教育，其农科类人才培养具有一些较为明显的特征：综合型、复合型的精英人才是高校培养目标的总体定位，开放式教育是大多数高校人才培养模式中的一大特色，大力实施实践性教学是人才培养模式中的一个根本途径，创新能力和创造性思维是人才培养模式中的价值导向等，这也体现了高校复合型人才培养的重要发展方向。通过对我国一百多年的高等农业教育发展历程以及农科类人才培养模式演变历史的梳理，社会、政治、经济和农业的发展对人才的需求经历了从专业型人才到综合型、复合型人才的转变，农科类人才培养的模式也经历了从专才教育到通才教育与专才教育相结合的过程，并且，一些高校在实践"宽厚基础＋多方向"的复合型人才培养模式。经济全球化和信息化技术的发展，对高等教育变革与发展产生了一定影响，原有学科之间的界限在淡化，一些交叉学科也在不断出现，学科呈现出一定综合化发展趋势。基于目前的国内外教育形势，探索本科阶段的农科类复合型人才培养具有一定的重要性，也具有一定的现实意义。

二、农科类复合型人才培养建议

面临农科类复合型人才培养的重要性和紧迫性，如何才能有效地培养农科类本科层次复合型人才，将会成为农业高校深化人才培养工作改革的一个重要内容。基于本文的研究，为农业类高等院校提出以下几个方面的建议：

1. 进一步优化政府管理职能，增强综合协调功能

其一，调整优化政府的宏观管理职能和权责范围，避免出现对高校教育管理过多、范围过广的现象，调整政府主管部门与高校的权责范围，优化管理体制避免较多事务性管理，为农业高校提供宽松的教育办学环境。其二，树立教育服务意识，完善政府主管部门服务职能，对高校的行政审批事项尽量做到规范化和效率化，优化公共财政保障机制，完善教育信息公共平台建设，为高校人才培养工作提供便利服务。其三，建立并完善政府主导的多元化力量参与教育办学的机制，拓展多元化的教育财政渠道，充分发挥社会第三方组织参与高校办学的积极性。其四，充分发挥政府部门在整合协调资源，以及推动国际化教育合作与对话方面的优势，促进国内外农业高等院校之间的教育联系与学术交流，推动国内外农业高校之间开展不同层次、不同形式的人才培养合作，并提供相关便利和保障。

2. 进一步优化高校教学管理，培养复合型人才

其一，拓宽农科类本科专业的宽口径方向，优化并完善复合型的跨学科专业体系设置，培养复合型人才。其二，优化农科类复合型人才课程设置，坚持基础理论课程教学的基础性地位，加强文理结合的跨专业课程设置，结合学科特色增设综合类课程，补充研究型的课程。其三，针对知识传授、素质和能力的培养选择适宜的教学方法，探索多样化的教学方法，注重因材施

教与个性化差异教学，为人才培养工作提供保障。其四，人才培养教学评价方面，体现"以人为本"的原则，以多元化、多角度为出发点，来实施教学评价。其五，打造多元化知识背景的教师团队来负责教学和农科类复合型人才的培养，让非农科类专业教师学习农科类专业，增强农科类专业知识水平；农科类专业教师加强人文社科类、经济、管理类等非农科类专业知识学习，增强综合化知识背景；引进国内外优秀教师，以充实复合型人才培养的师资队伍。

3.进一步深化校企合作，弥补实践教育短板

其一，基于"产教融合"理念，增进产学研合作。校企双方可共同组建涉农类的各种研发中心，研究涉农类课题项目；以项目和问题为导向，以农业学科为依托，增进产学研合作层次，促进科研成果转化，推动有创新能力的复合型人才培养。其二，结合社会市场需求，深化教育改革。在人才培养过程中，结合学科发展与社会人才市场需求状况，从人才培养目标制定和专业设置方面进行优化，培养与社会需求相适应的农科类复合型人才。其三，借助校企合作，加强实践性教学，强化学生技能的训练，加大对学生各种能力的培养；同时，要规范学生的社会实习管理，建立完善的实习管理和评价体系，以保障学生的社会实践，提高学生的社会实践能力。其四，针对校企联合办学，由高校组织成立由行业内专家、企业管理人员、用人单位招聘负责人、校内教师等各方共同组成的校企联合办学管理部门，专门负责社会人才市场需求分析，调整人才培养方案，协调实践教学和社会实习等工作，以培养农科类复合型人才。

4.进一步加强国际教育合作，推动人才培养国际化进程

在经济全球化发展背景下，人才的国际化趋势愈加明显，"一带一路"倡

议实施和农业"走出去"步伐加快，对农科类国际化人才的需求在增加。高校需要增强农科类国际化人才的培养意识观念，加强国际教育合作，推动农科类国际化人才的培养进程。其一，进一步加强国际化教育交流与合作，引进国外优质教育资源，扩大与世界知名农科类高校在人才培养方面的合作，共同培养国际化的农科类复合型人才。其二，农科类国际化人才培养需要一套科学合理的国际化课程体系，高校可结合本校的实际情况，根据不同学科专业的特点，完善国际化课程设置体系。其三，高水平的国际化师资队伍，是高校培养农科类国际化人才的一项重要保障，为此，一方面要扩大国际化师资的招聘范围，聘用高水平的国际化知识背景的教师；另一方面，鼓励农科类专业教师积极"走出去"，通过参加国际教育交流或长短期学习，切实提高"国际化教学"的能力和水平。其四，完善国际化教育管理体系建设，在国际合作办学、海外独立办学、科研引智、留学生教育、教师出国交流学习等方面进一步优化和完善管理体制，提高管理的效率，保障国际交流与合作办学工作。

第三节　研究不足与展望

一、研究不足

由于受时间、精力、人力等因素所限，本研究是以中国农业大学、H 农业大学农学院、T 农学院等院校作为个案进行研究。在研究中，笔者试图更全面、客观地收集和分析资料以提高研究结论的说服力，但这并不能改变通过部分案例得出研究结论的事实，这是后续研究工作值得拓展的地方。此外，由于本人研究能力所限，对农业类高校培养复合型人才的实践经验不足，本文对高校存在的专业结构设置、课程结构、培养复合型人才的实施要点等问题尚需要进一步的探索与完善。

二、研究展望

现代农业在向多元化方向发展、"新农科"概念在高等教育界已被提出、目前乡村振兴也处于重要时期，在此背景下，农科类复合型人才的培养，将是农业高校人才培养改革中一个值得关注的方向。社会用人单位对农科类人才的需求在不断变化，如何将涉农类企事业用人单位的人才需求标准，有效地运用到农科类本科教育和人才培养中，也值得继续研究。本文提出了"跨学科专业群"的建议，有利于跨学科专业教育和复合型人才培养，但如何有效地运用，是值得进一步关注和研究的内容。此外，农科类复合型人才的培养，不仅要从管理学和教育学科的视角进行研究，也需要从其他多学科视角加以探讨与分析，这无疑也是值得后续进一步研究的工作。

参考文献

［1］吴红斌、郭建如：《地方本科院校转型能否有效提升学生学业成就——基于 2016 年全国地方本科院校人才培养与就业调查数据的分析》，《教育发展研究》，2018 年，第 5 期，第 8—16 页。

［2］王艺蓉：《高等农业院校定位现状及对策——基于全国 40 所高等农业本科院校的调查研究》，《中国农业教育》，2014 年，第 6 期，第 4—8 页。

［3］赵向华、张文峰：《农业高校在服务都市农业中提升核心竞争力研究》，《江苏高教》，2017 年，第 3 期，第 51—53 页。

［4］Klaus E. Meyer，Katherine R. Xin. Managing talent in emerging economy multinationals：integrating strategic management and human resource management. *The International Journal of Human Resource Management*，2018（10）：P1827–1855.

［5］李彬、张纪：《中国高新技术产业发展与人才需求关系研究》，《商场现代化》，2009 年，第 10 期，第 257—259 页。

［6］董志华：《人力资本对我国经济增长影响的统计检验》，《统计与决策》，2017 年，第 23 期，第 137—140 页。

［7］陈曦、边恕、范璐璐等：《城乡社会保障差距、人力资本投资与经济增长》，《人口与经济》，2018 年，第 4 期，第 77—85 页。

［8］赵光辉：《人才结构与产业结构互动的一般规律研究》，《商业研究》，2008 年，第 2 期，第 34—39 页。

［9］岳昌君：《高等教育结构与产业结构的关系研究》，《中国高教研究》，

2017 年，第 7 期，第 31—36 页。

［10］李彬：《区域经济与人才供给及其战略选择》，《中国软科学》，2007 年，第 1 期，第 69—78 页。

［11］苏丽锋、陈建伟：《产业结构调整背景下高等教育人才供给与配置状况研究》，《中国人口科学》，2016 年，第 4 期，第 2—15 页。

［12］刘小勇、符少辉：《高等农业教育在建设社会主义新农村中的战略作用论略》，《教育发展研究》，2006 年，第 14 期，第 11—14 页。

［13］李秋红、田世野：《农业人才供给侧改革与新农村建设》，《理论与改革》，2016 年，第 4 期，第 176—179 页。

［14］孙学立：《农村人力资源供给视角下乡村振兴问题研究》，《理论月刊》，2018 年，第 5 期，第 128—132 页。

［15］Edwards，W. M.，& Eggers，T. R. Agricultural management e-school: extension education over the internet. *American Journal of Agricultural Economics*，2004（3），P778—781.

［16］虞丽娟：《美国研究型大学人才培养体系的改革及启示》，《高等工程教育研究》，2005 年，第 2 期，第 86—90 页。

［17］吴敏：《美国著名大学本科教学特色和改革动态》，《大学化学》，2001 年，第 1 期，第 61—64 页。

［18］畅肇沁：《牛津大学导师制下学生学习模式探索及启示》，《中国高教研究》，2018 年，第 10 期，第 63—67 页。

［19］武学超、罗志敏：《悉尼大学世界一流学科的科研卓越发展路径》，《中国高校科技》，2018 年，第 11 期，第 42—46 页。

［20］卢建飞、吴太山、吴书光等：《基于交叉学科的研究生创新人才培养研究》，《中国高教研究》，2006 年，第 1 期，第 46—48 页。

［21］卢晓东：《关于北京大学"十六字"教学方针的反思》，《中国大学教学》，2014 年，第 1 期，第 19—28 页。

［22］朱乐平:《中美一流大学本科专业设置研究——以 6 所大学的理科专业为例》,《中国人民大学教育学刊》,2017 年,第 3 期,第 66—77 页。

［23］张晓报:《独立与组合:美国研究型大学跨学科人才培养的基本模式》,《外国教育研究》,2017 年,第 3 期,第 3—14 页。

［24］范冬清、王歆玫:《秉承卓越:美国研究型大学跨学科人才培养的特点、趋势及启示》,《国家教育行政学院学报》,2017 年,第 9 期,第 80—86 页。

［25］周恩慧:《英国牛津大学复合式课程研究（河北大学硕士论文）》,2013 年。

［26］王霆:《美国 JD/MBA 法商复合型人才培养模式及其启示》,《高教探索》,2017 年,第 2 期,第 94—97 页。

［27］任娇、何忠伟、刘芳:《美国农业人才培养对中国现代农业人才培养改革的启示》,《世界农业》,2016 年,第 12 期,第 234—237 页。

［28］修朋月、张宝歌:《新世纪高等院校人才培养模式研究与实践》,《黑龙江高教研究》,2003 年,第 4 期,第 138—142 页。

［29］聂建峰:《关于大学人才培养模式几个关键问题的分析》,《国家教育行政学院学报》,2018 年,第 3 期,第 23—36 页。

［30］赵智兴、段鑫星:《人工智能时代高等教育人才培养模式的变革:依据、困境与路径》,《西南民族大学学报（人文社科版）》,2019 年,第 2 期,第 213—219 页。

［31］李培凤、王生钮:《跨学科人才培养模式案例分析》,《国家教育行政学院报》,2004 年,第 1 期,第 91—95 页。

［32］潘懋元、王琪:《从高等教育分类看我国特色型大学发展》,《中国高等教育》,2010 年,第 5 期,第 17—19 页。

［33］王严淞:《论我国一流大学本科人才培养目标》,《中国高教研究》,2016 年,第 8 期,第 13—19 页。

［34］王平祥:《世界一流大学本科人才培养目标及其价值取向审思》,《高等

教育研究》，2018年，第3期，第58—63页。

　　［35］卢晓东、宋鑫、王卫等：《大学本科培养跨学科知识复合型人才的作法与相关问题探讨——北京大学的个案》，《当代教育论坛》，2003年，第10期，第88—92页。

　　［36］陈珏：《"技术＋管理"复合型人才培养目标下实践教学创新研究》，《高等农业教育》，2016年，第3期，第70—72页。

　　［37］齐殿伟：《会计学专业高素质复合型人才培养模式研究与实践》，《现代教育科学》，2016年，第6期，第114—119页。

　　［38］孟茜宏：《数字创意产业复合型人才培养机制研究》，《现代教育管理》，2018年，第6期，第114—117页。

　　［39］张法连：《新时代法律英语复合型人才培养机制探究》，《外语教学》，2018年，第3期，第44—47页。

　　［40］李寅甲、胡动刚：《高校人才培养目标实现矩阵的设计——以华中农业大学为例》，《现代教育技术》，2017年，第11期，第78—84页。

　　［41］周晓光：《实施乡村振兴战略的人才瓶颈及对策建议》，《世界农业》，2019年，第4期，第32—37页。

　　［42］刘雅婷、唐滢、胡先奇：《多元协同培养云南植物生产类创新创业人才——以云南农业大学为例》，《西南交通大学学报（社会科学版）》，2017年，第6期，第100—104页。

　　［43］陈新忠、蒋蓓蓓：《创新人才培养：特区实验的困境与出路——以华中农业大学"张之洞"班10年探索为例》，《中国高校科技》，2017年，第12期，第80—83页。

　　［44］邱小雷、马吉锋、张小虎：《"互联网＋"时代农业创新创业人才培养探析》，《中国高校科技》，2017年，第7期，第94—96页。

　　［45］江英飒：《论农林院校特色文化的育人功能及其实现》，《国家教育行政学院学报》，2012年，第6期，第33—35页。

［46］许丽英：《地方农科本科高素质创新人才培养的研究与探索》，《高等农业教育》，2005 年，第 11 期，第 43—45 页。

［47］马忠、原霞霞：《思想政治理论课教学中的文本分析法探究》，《思想理论教育》，2016 年，第 11 期，第 67—72 页。

［48］鹿立：《中国高校人才供给与产业人才需求拟合研究》，《中国人口科学》，2005 年，第 4 期，第 67—74 页。

［49］潘柳燕：《复合型人才及其培养模式刍议》，《广西高教研究》，2001 年，第 6 期，第 51—54 页。

［50］张玉宝：《复合型体育教育人才的分类及实现途径》，《首都体育学院学报》，2012 年，第 3 期，第 203—207 页。

［51］王应密、程梦云、温馨等：《人才、学科、科研三位一体培养创新人才——华南理工大学高层次创新型人才培养模式的实践探索》，《中国高校科技》，2013 年，第 4 期，第 13—17 页。

［52］屈波、刘拓：《高水平特色大学创新人才培养多元化模式探索》，《中国大学教学》，2010 年，第 11 期，第 56—59 页。

［53］杨培灵：《主体教学管理观下的教育管理探究——评〈分层次教育管理研究〉》，《中国教育学刊》，2018 年，第 2 期，第 133 页。

［54］朱俊伟：《高等教育教学管理中的问题与对策》，《教育现代化》，2017 年，第 32 期，第 183—184 页。

［55］王建民：《人力资本产生制度研究》，北京：经济科学出版社，2001 年。

［56］Carnoy，M. The Economics of Education，Then and Now，in Martin Cargoy. International Encyclopedia of Education. *Elsevier Science Ltd*，1995.

［57］Schltz，T.W. *The Economic Value of Education. NewYork：Columbia University Press*，1963.

［58］Vladislav Valentinov，Spencer Thompson. The supply and demand of social systems：towards a systems theory of the firm. *Kybernetes*，2019（3）：P570–585.

［59］朱必祥：《人力资本理论与方法》，北京：中国经济出版社，2005 年。

［60］司雅梅：《高等教育人才供给与社会需求》，《河北师范大学学报（教育科学版）》，2007 年，第 3 期，第 85—87 页。

［61］罗永忠：《素质与素质教育：理性拷问与多元建构》，《教师教育研究》，2005 年，第 6 期，第 14—18 页。

［62］罗世平：《也谈 21 世纪复合型人才培养模式》，《外语界》，2009 年，第 3 期，第 8—12 页。

［63］杨兆山、时益之：《素质教育的政策演变与理论探索》，《教育研究》，2018 年，第 12 期，第 18—28 页。

［64］张秉福：《本科高职实施通才教育的必要性与基本途径》，《高教探索》，2006 年，第 1 期，第 76—79 页。

［65］鄢彬华、谢黎智：《通识教育的内涵辨析》，《教育学术月刊》，2010 年，第 6 期，第 17—18 页。

［66］郭燕锋、姜峰、陈晓阳：《创新协同育人机制，提升人才培养质量——以华南农业大学为例》，《科技管理研究》，2018 年，第 22 期，第 105—110 页。

［67］郑群：《关于人才培养模式的概念与构成》，《河南师范大学学报（哲学社会科学版）》，2004 年，第 1 期，第 187—188 页。

［68］夏业鲍、祁克宗、房文娟：《高等农林院校特色发展研究与探索》，《黑龙江教育：高教研究与评估版》，2013 年，第 1 期，第 66—67 页。

［69］潘懋元、刘海峰：《中国近代教育史资料汇编——高等教育》，上海：上海教育出版社，2007 年。

［70］时赟：《20 世纪前半期中国高等农业教育通向农村的探索》，《黑龙江高教研究》，2006 年，第 3 期，第 29—31 页。

［71］潘懋元、刘海峰：《中国近代教育史资料汇编——高等教育》，上海：上海教育出版社，2007 年。

［72］董维春、邓春英、袁家明：《金陵大学农学院若干重要史实研究》，《中

国农史》，2014 年，第 6 期，第 128—137 页。

［73］李国杰:《改革开放 30 年的我国高等农业教育回顾与展望》,《高等农业教育》，2009 年，第 1 期，第 11—14 页。

［74］郭明顺:《大学理念视角下本科人才培养目标反思》,《高等教育研究》，2008 年，第 12 期，第 84—88 页。

［75］梁显平、洪成文:《西方发达国家高等教育社会筹资：经验、特点及趋势》,《比较教育研究》，2018 年，第 3 期，第 98—105 页。

［76］卢兆彤、张彦娥、徐晓村:《论招生就业状况与本科专业调整的关系——以中国农业大学为例》,《清华大学教育研究》，2009 年，第 3 期，第 114—118 页。

［77］Philipp Fondermann, Peter L. van der Togt. How Wageningen University and Research Centre Managed to Influence Researchers Publishing Behaviour Towards more Quality, *Impact and Visibility. Procedia Computer Science*, 2017（3）: P204–211.

［78］王亚平、王娜:《荷兰瓦赫宁根大学教育管理观察及其启示》,《现代教育科学》，2012 年，第 3 期，第 157—159 页。

［79］Martin J. Kropff, Johan A. M. van Arendonk and Huub J. M. Loffler. *95 years of Wageningen University*, *Food for All Sustainable Nutrition Security*. Amsterdam: Publisher Wageningen UR, 2013.

［80］王亚平、王娜:《荷兰瓦赫宁根大学教育管理观察及其启示》,《现代教育科学》，2012 年，第 2 期，第 157—159 页。

［81］张艳彤、张强、方炎明等:《世界一流植物学科的研究生培养：荷兰瓦格宁根范式》,《中国林业教育》，2018 年，第 3 期，第 64—72 页。

［82］张力玮、吕伊雯、潘金晶:《中欧联合调优项目：助力高校教学改革与质量文化建设——访荷兰格罗宁根大学调优国际研究院院长罗伯特·瓦格纳》,《世界教育信息》，2017 年，第 16 期，第 3—5 页。

［83］李雪峰、王志洁:《改进教师评价,解决教师职业倦怠,促进教师发展——荷兰瓦格宁根大学与国内大学教师评价比较研究》,《呼伦贝尔学院学报》,2008年,第4期,第80—84页。

［84］金一平:《研究型大学农科人才培养问题研究——以浙江大学农科人才培养为例》,《科技通报》,2014年,第8期,第244—248页。

［85］何根海:《澳大利亚阿德莱德大学的学校管理特色与启示》,《国家教育行政学院学报》,2015年,第4期,第85—90页。

［86］姜嘉乐、李飞、徐贤春等:《浙江大学人才培养的理念、模式、特色及其实践——浙江大学校长吴朝晖访谈录》,《高等工程教育研究》,2016年,第4期,第1—4页。

［87］杜彬、高淑桃:《论思想政治教育对大学生职业生涯规划的正向牵》,《黑龙江高教研究》,2015年,第4期,第114—116页。

［88］柳友荣:《澳大利亚大学内部治理特点》,《教育研究》,2016年,第4期,第120—124页。

［89］朱慧、陆国栋、吴伟:《澳大利亚高等工程教育:实践与借鉴》,《中国高教研究》,2016年,第9期,第98—102页。

［90］滕敏、迟传德:《阿德莱德大学本科教学模式下学生探究学习研究——以建筑设计专业为例》,《赤峰学院学报(自然科学版)》,2017年,第8期,第214—215页。

［91］王平:《国外公共必修课程设置及教学状况——以阿德莱德大学为例》,《山东农业工程学院学报》.2014年,第6期,第179—181页。

［92］李立国:《国际视野下的中国高等教育体制改革》,《大学教育科学》,2012年,第1期,第43—52页。

［93］张瑞强、李瑞军、张维宏等:《地方高校植物保护专业人才培养模式改革与实践——以河北农业大学为例》,《高等农业教育》,2018年,第4期,第58—61页。

［94］陈小莺:《法国精英学校人才培养及大学教育改革思考》,《东南学术》,
2008 年, 第 1 期, 第 165—168 页。

［95］谢子娣:《瑞士应用科学大学校企合作的成功经验——以伯尔尼应用科
学大学为例》,《世界教育信息》, 2019 年, 第 1 期, 第 54—58 页。

［96］孙玲:《紧密结合劳动力市场和社会需求的瑞士高等职业教育》,《中国
高等教育》, 2014 年, 第 1 期, 第 61—63 页。

［97］王瑛:《瑞士高等职业教育的成功经验及其对我国的启示》,《黑龙江高
教研究》, 2007 年, 第 5 期, 第 94—95 页。

［98］李小文、夏建国:《应用型本科院校课程改革的若干思考》,《高等工程
教育研究》, 2018 年, 第 1 期, 第 107—110 页。

［99］钱素平:《试论新建应用型本科院校人才培养质量评价》,《黑龙江高教
研究》, 2014 年, 第 6 期, 第 130—132 页。

［100］郑谦、汪伟忠、赵伟峰等:《应用型高校实践教学质量评价指标体系研
究》,《高教探索》, 2016 年, 第 12 期, 第 36—40 页。

［101］陈云棠、刘邦奇、郭红:《对应用型大学实践教学的思考》,《国家教育
行政学院学报》, 2006 年, 第 11 期, 第 65—69 页。

［102］王媛:《浅谈我国高等教育管理体制改革》,《教育教学论坛》, 2016 年,
第 39 期, 第 239—240 页。

［103］管平、胡家秀、胡幸鸣:《知识、能力、素质与高技能人才成长模式研
究》,《黑龙江高教研究》, 2005 年, 第 10 期, 第 153—155 页。

［104］王艺蓉:高等农业院校定位现状及对策——基于全国 40 所高等农业
本科院校的调查研究》,《中国农业教育》, 2014 年, 第 6 期, 第 4—8 页。

［105］郭伟、孙海燕:《研究型农业大学农科本科人才"SIR"培养模式探
讨》,《高等教育研究》, 2008 年, 第 2 期, 第 72—75 页。

［106］姜嘉乐、李飞、徐贤春等:《浙江大学人才培养的理念、模式、特色及
其实践——浙江大学校长吴朝晖访谈录》,《高等工程教育研究》, 2016 年, 第 4

期，第1—4页。

［107］王志刚、申书兴、党会等：《"311"人才培养模式的实践与思考》，《高等农业教育》，2005年，第12期，第3—5页。

［108］周川：《高等教育管理体制改革之反思》，《北京大学教育评论》，2018年，第2期，第177—185页。

［109］Zhang Hai Yan，Wu Feng Qing. Target Orientation and Analysis of *Compound-applied Talents Cultivating. Education Exploration*，2008（2）：P10-13.

［110］师光禄、何忠伟、王有年：《试论农村、农业、农民与高等农业教育改革》，《调研世界》，2009年，第1期，第41—42页。

［111］Cathal O' Donoghue，Kevin Heanue. The impact of formal agricultural education on farm level innovation and management practices. *Journal of Technology Transfer*，2018（43）：P1-20.

［112］高等工程教育研究：《深化产教融合，为社会培育英才》，《高等工程教育研究》，2018年，第5期，第201—202页。

［113］谢君君：《教育扶贫研究述评》，《复旦教育论坛》，2012年，第3期，第66—69页。

［114］卢晓东：《本科专业划分的逻辑与跨学科专业类的建立》，《中国大学教学》，2010年，第9期，第10—15页。

［115］刘铁芳：《因材施教与个体成人》，《国家教育行政学院学报》，2017年，第12期，第15—22页。

［116］徐焰、汤韶敏、廖钰珊等：《普通高校体育课程学生成绩多元化评价体系的构建》，《武汉体育学院学报》，2010年，第11期，第89—93页。

［117］薛海波：《从跨国经营企业招聘要求看农业国际型人才培养》，《东南大学学报（哲学社会科学版）》，2016年，第12期，第30—32页。

［118］周谷平、阚阅：《"一带一路"战略的人才支撑与教育路径》，《教育研究》，2015年，第10期，第4—9页。

［119］吴文良、薛海波:《"一带一路"视域下能源行业人才培养刍论》,《社会科学家》,2018 年,第 4 期,第 125—130 页。

［120］钱伟、何山燕:《中国高校在东南亚办学的新探索》,《高教探索》,2017 年,第 3 期,第 23—29 页。

［121］吴文良、薛海波:《"一带一路"建设与农业跨国经营人才培养》,《中国大学教学》,2017 年,第 9 期,第 34—38 页。

［122］许纯洁:《"一带一路"背景下民族地区国际化复合型人才培养的实践与反思》,《广西民族研究》,2020 年,第 2 期,第 158—164 页。

［123］黄炳超、黄明东:《要素变革视角下粤港澳大湾区创新复合型人才培养体系框架构建》,《高等工程教育研究》,2020 年,第 3 期,第 116—121 页。

［124］张庆君:《高校复合型人才培养变革:逻辑、实践与反思》,《现代教育管理》,2020 年,第 4 期,第 47—53 页。

［125］邵云飞、刘玉明:《基于协同理论的 EPUI 复合型人才培养模式研究》,《中国高校科技》,2021 年,第 10 期,第 71—75 页。

［126］郑亚莉、魏吉、张海燕:《高职院校复合型国际化人才培养的问题与路径》,《中国高教研究》,2021 年,第 12 期,第 92—96 页。

［127］赵林度:《产教融合视域下物流人才培养模式创新》,《中国大学教学》,2021 年,第 12 期,第 18—23 页。

［128］胡清华、王国兰、王鑫:《校企深度融合的人工智能复合型人才培养探索》,《中国大学教学》,2022 年,第 3 期,第 43—50 页。

［129］薛海波、吴文良、李明:《我国高等农业教育与农科类人才培养历程及经验启示》,《河南农业》,2022 年,第 3 期,第 4—10 页。

［130］易鹏、吴能表、王进军:《新农科课程思政建设:价值、遵循及路径》,《西南大学学报（社会科学版）》,2022 年,第 3 期,第 78—87 页。

［131］侯永侠、杨杰、程全国:《推行混合式教学模式促进新型农业人才培养》,《农业经济》,2022 年,第 8 期,第 133—134 页。

［132］罗雯、孔令芸、蒲嘉怡、李金庭:《经济内循环下农业人才贫乏对产业振兴影响研究——以凉山州为例》,《农村经济与科技》,2022 年,第 14 期,第 45—48 页。

［133］辛淼淼:《新时期农业英语在高职英语教学中的应用——评农业人才英语能力培养研究》,《中国农业气象》,2022 年,第 5 期,第 425—426 页。

［134］杨娜:《乡村振兴战略下涉农高职院校农业人才培养的路径探析》,《安徽农业科学》,2022 年,第 3 期,第 280—282 页。

［135］赵乐、李晓铁、苏力燕、袁雪梅:《三产融合视角下观光农业人才培养模式的研究——以桂林世外陶园山庄为例》,《农村经济与科技》,2021 年,第 23 期,第 317—319 页。

［136］丁宁、焦莹莹、田胜涛:《农业生态环境保护治理和生态农业人才培养——评农业生态与环境保护》,《中国农业气象》,2021 年,第 1 期,第 80—81 页。

［137］彭泽其、雷云:《深化"产教融合"机制下复合型农业人才培养模式的实践与探索——以梧州农业学校为例》,《现代职业教育》,2020 年,第 4 期,第 20—21 页。

［138］张彤、李亚勋、蒋红波、张代平:《创业型农业人才培养的实践探讨——以西南大学为例》,《西南师范大学学报(自然科学版)》,2019 年,第 7 期,第 167—172 页。

［139］李丽、刘萍、杜庆平:《基层农业人才需求对高职园艺技术专业改革的启示——以扬州市职业大学为例》,《安徽农业科学》,2019 年,第 8 期,第 266—267 页。

［140］陈国栋、万素梅、吴全忠、翟云龙:《基于应用创新型农业人才培养的耕作学教学方法改革与实践》,《当代教育实践与教学研究》,2019 年,第 5 期,190—191 页。

［141］程亮:《新农科视角下基于乡村振兴建设需求的"农科+法学"与"法

学 + 农科"复合型人才培养现状研究——以安徽科技学院为例》,《智慧农业导刊》,2022 年,第 2 期,第 84—87 页。

[142] 陈国栋、万素梅、吴全忠、翟云龙:《基于应用创新型农业人才培养的耕作学教学方法改革与实践》,《当代教育实践与教学研究》,2022 年,第 5 期,第 190—191 页。

[143] 楼京京、郑鹏飞、冯向荣:《校企共同体复合型人才培养体系的构建》,《高等工程教育研究》,2022 年,第 5 期,第 106—110 页。

[144] 陈芹、郑月龙:《"互联网 +"背景下新商科创新复合型人才培养模式的构建》,《西部素质教育》,2022 年,第 16 期,第 117—120 页。

[145] 蔡宇:《新工科背景下计算机科学与技术专业复合型人才培养模式的探索》,《创新创业理论研究与实践》,2022 年,第 14 期,第 162—164 页。

[146] 胡蕊、莫创才:《专业群视角下复合型人才培养定位及对策研究——以中职院校工业分析与检验专业为例》,《职业》,2022 年,第 13 期,第 51—53 页。

[147] 李岩:《小规模院校本科创新复合型人才培养教学实践与研究——以"人工智能导论"课程为例》,《大学》,2022 年,第 17 期,第 189—192 页。

[148] 张建波、傅开心:《基于学科专业交叉的复合型人才培养模式的探究——以东北大学秦皇岛分校数学与统计学院为例》,《电脑与信息技术》,2022 年,第 2 期,第 81—83 页。

[149] 吴伟平、向国成、尹碧波:《大数据与经济学复合型人才培养深度融合的模式研究》,《创新创业理论研究与实践》,2022 年,第 7 期,第 112—114 页。

[150] 张国平、王开田、施杨:《"四位一体、四维融合"的新商科复合型人才培养模式探析》,《中国高等教育》,2022 年,第 11 期,第 50—52 页。

[151] 朱立成、贺根和、肖宜安:《基于多学科交叉融合的复合型人才培养体系构建与实践》,《井冈山大学学报 (自然科学版)》,2022 年,第 1 期,第 103—106 页。

[152] 王胜:《产教融合视角下基于生态系统的跨境电商语言服务类复合型

人才"EPMI"培养模式研究》，《丽水学院学报》，2022年，第1期，第110—117页。

［153］王刚、路彬、曹秋红：《基于"互联网+"的工科院校经管复合型人才培养转型机制研究》，《佳木斯大学社会科学学报》，2021年，第6期，第187—190页。

［154］白宇、周东雷、李和伟、杨玉赫：《"一带一路"背景下中医药院校国际化复合型人才培养的对策研究》，《中国医药导报》，2021年，第34期，第65—68页。

［155］韩飞飞：《学科交叉背景下艺术设计类复合型人才培养模式研究——基于价值共创理论》，《江西理工大学学报》，2021年，第5期，第64—70页。

［156］张小凤、陈非：《新经济背景下高校复合型人才综合实践创新能力培养模式探析》，《中国市场》，2021年，第30期，第77—78页。

［157］孙志格：《"一带一路"背景下"人工智能+商务英语"专业复合型人才培养模式的研究与实践》，《现代英语》，2021年，第18期，第121—123页。

［158］唐站站、孙华怀：《"互联网+"环境下土木工程专业复合型人才教育培养模式研究》，《现代职业教育》，2021年，第36期，第206—207页。

［159］殷振、曹自洋、伯洁、戴晨伟：《"教科产创赛"多维融合的机械类复合型人才培养模式研究与实践》，《创新创业理论研究与实践》2021年，第16期，第124—126页。

［160］龙凤来、余鸽、刘金娜、王云云：《"1+X"证书制度下高职中药制药专业复合型人才培养模式研究与探索——以杨凌职业技术学院为例》，《中国多媒体与网络教学学报（中旬刊）》，2021年，第8期，第183—185页。

［161］孙志格：《"一带一路"背景下"人工智能+商务英语"专业复合型人才培养模式的研究与实践》，《现代英语》，2021年，第18期，第121—123页。

［162］谭季秋、刘军安、王少力：《高端需求为导向机电复合型人才高等教育创新培养模式探究——以湖南工程学院为例》，《大学》，2021年，第30期，第

74—76 页。

［163］钟娇、赵薇:《基于地方经济社会发展需求的越南语专业复合型人才培养思考》,《就业与保障》,2021 年,第 14 期,第 122—123 页。

［164］李英:《学科交叉,知识融合——新文科建设引领下外语专业复合型人才培养路径的构思》,《文教资料》,2021 年,第 18 期,第 155—157 页。

［165］张兰霞、钱金花、孙新波:《基于 PBL 的工商管理专业复合型人才培养模式——以东北大学为例》,《高等农业教育》,2021 年,第 3 期,第 63—69 页。

［166］李晓静:《"一带一路"背景下河南高校培养商务英语复合型人才教学模式探析》,《信阳农林学院学报》,2021 年,第 2 期,第 134—136 页。

［167］潘华南:《基于产业协同融合发展的高等职业教育复合型人才培养路径探析——以邮政快递类专业为例》,《山东高等教育》,2021 年,第 3 期,第 81—87 页。

［168］李沁格:《浅析后疫情时代下"汉语＋物流管理"复合型人才培养模式》,《中国物流与采购》,2021 年,第 9 期,第 59—60 页。

［169］唐佳妮、徐天瑶、袁先智、张高煜:《金融科技复合型人才评价指标体系构建研究——兼论协同培养机制》,《上海立信会计金融学院学报》,2021 年,第 1 期,第 103—108 页。

［170］宋玉华、叶永红:《基于"1+3"的复合型人才课程体系的探索与实践——以新能源汽车技术专业为例》,《时代汽车》,2021 年,第 7 期,第 87—88 页。

［171］段笑晔、毋育:《新跨学科复合型人才培养模式与管理路径探究——基于一流专业建设背景》,《教育教学论坛》,2021 年,第 9 期,第 83—86 页。

［172］韦雅光、李涛、张茨、李气纠:《从学生角度分析地方应用型大学"医学＋X"复合型人才培养模式——以湘南学院辅修双学位为例》,《智慧健康》,2021 年,第 1 期,第 184—186 页。

［173］石鹃瑜:《产学研用校企协同共建"2+3"复合型人才培养方案——以

宝玉石鉴定与加工专业为例》,《大学》,2020 年,第 47 期,第 119—121 页。

[174] 王鸿蕴、李炯然、陈超、张勇:《"中医药＋管理"复合型人才培养的实践与建议——以北京中医药大学管理学辅修双学位为例》,《医学教育研究与实践》,2020 年,第 5 期,第 754—757 页。

[175] 李丹:《基于复合型人才培养的地方高校大学英语分级教学策略研究——以许昌学院国际教育学院为例》,《现代英语》,2020 年,第 18 期,第 13—15 页。

[176] 覃柳红:《中职学校跨专业复合型人才培养模式的研究与实践——以会计和物流专业为例》,《广西教育》,2020 年,第 34 期,第 61—63 页。

[177] 甘洁:《复合型人才视域下双学士学位项目的设立难题与实践进路——基于广西 35 所高校的调研结果》,《教育观察》,2020 年,第 29 期,第 66—67 页。

[178] 王竹:《跨界融合趋势下高校复合型人才培养的探索与创新——以厦门华厦学院金融投资类专业课程为例》,《经济师》,2020 年,第 7 期,第 161—162 页。

[179] 黄炳超、黄明东:《要素变革视角下粤港澳大湾区创新复合型人才培养体系框架构建》,《高等工程教育研究》,2020 年,第 3 期,第 116—121 页。

[180] 王红娟:《中外合作办学背景下"英语＋法律"复合型人才培养模式探索——以郑州西亚斯学院为例》,《科教导刊(上旬刊)》,2020 年,第 16 期,第 34—35 页。

[181] 李闻:《构建"三维"课程体系框架:高职复合型人才培养的应然路径》,《职教论》,2020 年,第 4 期,第 66—69 页。

[182] 那晓东:《复合型人才培养模式在中国可持续发展创新课程中的应用与实践》,《课程教育研究》,2020 年,第 7 期,第 5—6 页。

[183] 鞠志红:《复合型人才培养模式下企业专业管理人才培养策略》,《人力资源》,2020 年,第 2 期,第 37—38 页。

［184］马永红、马万里：《以群体智能引领人工智能高层次人才培养——来自佐治亚大学的经验与启示》，《研究生教育研究》，2022 年，第 5 期，第 82—88 页。

［185］高禹：《新时代立德树人教育评价导向下"三型"人才培养路径》，《黑龙江科学》，2022 年，第 17 期，第 79—81 页。

［186］吴颢、倪西华：《基于校企合作、现代学徒制的"双师型"师资队伍建设新模式分析》，《黑龙江科学》，2022 年，第 17 期，第 107—109 页。

［187］陆婷婷、李明达：《"1+X"证书视角下专创融合协同育人平台的构建与创新——以会计专业为例》，《人才资源开发》，2022 年，第 19 期，第 69—71 页。

［188］朱莉、朱杰、赖江华：《基于卓越法医学人才为导向的研究生培养模式探讨——以西安交通大学法医学学术学位研究生培养为例》，《医学教育研究与实践》，2022 年，第 5 期，第 536—539 页。

［189］程亮：《新农科视角下基于乡村振兴建设需求的"农科＋法学"与"法学＋农科"复合型人才培养现状研究——以安徽科技学院为例》，《智慧农业导刊》，2022 年，第 18 期，第 84—87 页。

［190］王燕敏、田苗、王亚薇：《高校实践育人共同体建设的新路径——基于我国高校联盟运行机制的分析》，《华北理工大学学报 (社会科学版)》，2022 年，第 5 期，第 113—117 页。

［191］李祥杰、柴方艳、姜威威：《乡村振兴战略下农产品电商人才培养路径探究与实践——以黑龙江农业经济职业学院电子商务专业为例》，《黑龙江生态工程职业学院学报》，2022 年，第 5 期，第 116—120 页。

［192］张晓丽：《人才培养方案融合"X"证书路径探讨与实践——以农产品营销与储运专业为例》，《轻工科技》，2022 年，第 5 期，第 84—86 页。

［193］白逸仙、王华、王珺：《我国产教融合改革的现状、问题与对策——基于 103 个典型案例的分析》，《中国高教研究》，2022 年，第 9 期，第 88—94 页。

［194］段向军、黄丽娟：《我国高职院校探索专业认证的必要性与实施路

径——基于国际工程教育专业认证的思考与借鉴》,《职教发展研究》,2022 年,第 3 期,第 99—102 页。

［195］郑寿:《新工科背景下地矿类大学生就业能力提升研究——以福州大学"紫金模式"为例》,《中国大学生就业》,2022 年,第 18 期,第 57—64 页。

［196］陈晓曦、杨艳:《新时代高校样板党支部建设引领事业发展的实践逻辑与融合机制——基于南京审计大学国际合作与交流办公室党支部的思考》,《南京开放大学学报》,2022 年,第 3 期,第 19—27 页。

［197］李申申:《追寻中国大学的真精神——恢复高考三十年后的思索》,《国家教育行政学院学报》,2008 年,第 11 期,第 33—35 页。

［198］张奇志:《邓小平与恢复高考招生制度——纪念邓小平对中央音乐学院扩招批示三十年》,《首都师范大学学报 (社会科学版)》,2009 年,第 2 期,168—170 页。

［199］林其天:《略论我国高考制度的历史作用、现行弊端及改革路径》,《东南学术》,2010 年,第 2 期,第 148—153 页。

［200］徐剑波:《高等农业教育发展的路径选择与内在遵守——山东农业大学建校 110 周年的历史回顾与理性思考》,《中国农业教育》,2016 年,第 3 期,第 1—6 页。

［201］任捷:《用声音,致敬恢复高考 40 周年——央广中国之声纪念恢复高考 40 周年特别节目的创作心路》,《中国广播》,2018 年,第 8 期,第 11—13 页。

［202］钱江:《独具历史特色的七七、七八级大学生——纪念恢复高考七七、七八级大学生入学 40 周年》,《党史博览》,2018 年,第 8 期,第 13—17 页。

［203］朱颖:《高考恢复以来高考命题的回顾与展望——基于考试招生制度改革的研究视角》,《历史教学问题》,2021 年,第 5 期,第 137—142 页。

［204］袁家明、梁琛琛、朱冰莹:《中国高等农业教育变迁的制度主义分析（1993—2012）》,《中国农业教育》,2017 年,第 6 期,第 48—52 页。

［205］陈利根:《高等农业教育特色发展的实践探索与路径思考——山西农业

大学建校 110 周年的历史回顾与经验总结》,《中国农业教育》,2017 年,第 4 期,第 1—6 页。

［206］张松、刘志民:《建国 70 年以来中国高等农业教育的发展历程、辉煌成就与未来展望》,《中国农业教育》,2019 年,第 2 期,第 14—22 页。

［207］陈昕、志雄:《高等农林院校中外合作办学发展现状及对策探讨》,《山东农业工程学院学报》,2018 年,第 11 期,第 19—23 页。

［208］吴普特:《世界一流农业大学的战略使命和建设路径》,《中国农业教育》,2018 年,第 6 期,第 1—4 页。

［209］彭青:《高等教育高质量发展的本质含义与实现机制》,《南通大学学报(社会科学版)》,第 2019 年,第 4 期,第 133—140 页。

［210］徐吉洪:《高等教育内涵式发展的话语逻辑》,《黑龙江高教研究》,2018 年,第 1 期,第 19—22 页。

［211］冯晓丽:《人才培养质量:内涵式发展与"双一流"建设的和谐变奏》,《高教探索》,2019 年,第 4 期,第 37—40 页。

［212］王高贺、郭文亮:《"双一流"建设的问题审视和发展路向——学习习近平关于高等教育的重要论述》,《理论月刊》,2019 年,第 3 期,第 153—160 页。

［213］朱信凯:《习近平关于教育的重要论述对"双一流"建设的规定性和指导意义》,《国家教育行政学院学报》,2019 年,第 6 期,第 3—8 页。

［214］韩宪洲:《深化"课程思政"建设需要着力把握的几个关键问题》,《北京联合大学学报(社会科学版)》,2019 年,第 2 期,第 1—6 页。

［215］贾静:《社会化网络背景下成人高等教育学生思想政治教育的思考》,《江苏高教》,2015 年,第 11 期,第 130—131 页。

［216］邓宇、王立仁:《传统与现代的融合:新时代高校网络思想政治教育发展审思》,《延边大学学报(社会科学版)》,2019 年,第 2 期,第 132—139 页。

［217］陈波、汪晓莺、王琴:《强化高校领导干部马克思主义理论教育的多维度思考》,《东华理工大学学报(社会科学版)》,2019 年,第 2 期,第 140—

143 页。

　　[218]邬大光:《努力探索高等教育的"中国经验"》,《中国高教研究》,2019年,第12期,第10—14页。

　　[219]张继明:《构建中国特色大学模式的五个基本向度——习近平关于中国特色社会主义大学重要论述的启示》,《现代教育管理》,2019年,第7期,第54—59页。

　　[220]马福运、洪玉娟:《理解我国高等教育的中国特色的三重向度》,《中国高等教育》,2019年,第12期,第26—28页。

　　[221]袁广林:《国际经验与中国道路:中国世界一流大学建设的路径分析》,《现代教育管理》,2020年,第1期,第21—28页。

　　[222]耿有权:《试论中国特色世界一流大学》,《研究生教育研究》,2016年,第1期,第1—6页。

　　[223]欧小军:《"中国特色世界一流"大学的文化选择》,《现代教育管理》,2017年,第12期,第22—27页。

　　[224]王嘉毅、张晋:《论新时代中国特色世界一流大学建设——学习习近平总书记关于教育的重要论述》,《教育研究》,2019年,第3期,第4—11页。

　　[225]李立国:《大学治理的内涵与体系建设》,《大学教育科学》,2015年,第1期,第20—24页。

　　[226]胡弼成、欧阳鹏:《共建共治共享:大学治理法治化新格局——基于习近平的社会治理理念》,《中南大学学报(社会科学版)》,2019年,第6期,第153—161页。

　　[227]张炜:《大学治理的历史逻辑与时代要求》,《中国高教研究》,2020年,第2期,第1—5页。

　　[228]何健:《高校治理体系现代化构建:原则、目标与路径》,《国家教育行政学院学报》,2017年,第3期,第35—40页。

　　[229]何思彤、任增元:《浅析高等教育治理体系现代化》,《中国高校科技》,

2017 年，第 11 期，第 47—49 页。

　　［230］王军：《推进高校治理体系和治理能力现代化》，《中国高等教育》，2019 年，第 3 期，第 25—27 页。

　　［231］邓传淮：《推动中国特色现代大学制度建设》，《中国高教研究》，2020 年，第 2 期，第 6—8 页。

　　［232］冯虹、葛卫华：《高校反腐败制度建设探析》，《北京行政学院学报》，2013 年，第 6 期，第 45—48 页。

　　［233］赵继：《以"双创"教育理念引领本科教育改革》，《中国大学教学》，2016 年，第 8 期，第 7—11 页。

　　［234］陈火弟、吕学峰、曹宁：《本科师范生"多维度、全方位、一体化"教育实践模式的构建与实践——以东华理工大学为例》，《东华理工大学学报（社会科学版）》，2018 年，第 2 期，第 172—175 页。

　　［235］梁传杰、葛文胜：《论研究生培养机制改革的困境与出路》，《学位与研究生教育》，2015 年，第 10 期，第 20—25 页。

　　［236］李雪辉：《博士研究生教育供给侧改革：目标强化与方向转轨》，《教育发展研究》，2018 年，第 9 期，第 28—34 页。

　　［237］梁传杰：《高校研究生教育综合改革模式：审视与重构》，《学位与研究生教育》，2019 年，第 11 期，第 1—7 页。

　　［238］吴岩：《建设高等教育智库联盟 推动高等教育改革实践》，《高等教育研究》，2017 年，第 11 期，第 1—10 页。

　　［239］马陆亭、刘承波，《继续推进教育体制改革创新》，《人民论坛》，2019 年，第 2 期，第 34—35 页。

　　［240］喻菊、刘传俊：《面向"互联网 +"时代高校大学生思想政治教育研究》，《湖北社会科学》，2020 年，第 1 期，第 165—168 页。

　　［241］邓运山、姚二涛：《习近平关于高等教育重要论述的几个基本问题研究——以党的十八大以来相关重要文献为例》，《东华理工大学学报（社会科学

版)》，2021 年，第 2 期，第 101—107 页。

　　［242］张地容、杨丹、李祥：《从高速度到高质量：党的十八大以来乡村教育发展的历史成就与经验反思》，《现代教育管理》，2022 年，第 9 期，第 29—38 页。

　　［243］刘永旗：《"学习十九大，共筑中国梦"德育主题探究课程的开发与实施——学习习近平总书记在全国教育大会上的重要讲话（八）》，《中国德育》，2019 年，第 5 期，第 7—9 页。

　　［244］郑树山：《深入贯彻落实党的十九大和全国教育大会精神，为办好继续教育、加快学习型社会建设努力奋斗——中国成人教育协会第五届理事会工作报告》，《中国成人教育》，2019 年，第 13 期，第 3—7 页。

　　［245］董杰、王宠：《党的十九大以来思想政治教育研究的可视化分析》，《学校党建与思想教育》，2021 年，第 23 期，第 80—83 页。

　　［246］吴健：《新时代职业教育的成就、问题及改革路径——基于十九大报告的解读》，《高等职业教育探索》，2019 年，第 1 期，第 55—62 页。

　　［247］张天雪、徐浩天、孙不凡：《十九大以来国家教育政策的图式、意涵和发展走向》，《教育发展研究》，2022 年，第 5 期，第 1—8 页。